멋진 우주, 우아한 수학

이 책을 구상해 온 오랜 기간 동안

정신적·물질적으로 보살펴 준 아내 재닛 애들먼에게,

적극적으로 도와주고 이해해 준 아들 브라이언과 스티븐에게.

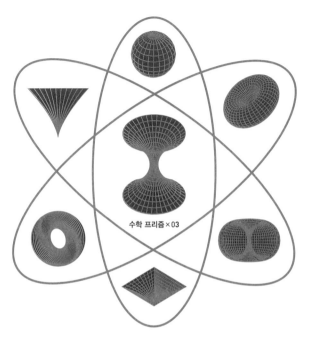

수학 프리즘 x03

멋진 우주, 우아한 수학

기하학으로 본 우주

로버트 오서먼 지음 | 박유진 옮김

culture
ook

수학 프리즘 × 03

멋진 우주, 우아한 수학
기하학으로 본 우주

지은이 로버트 오서먼
옮긴이 박유진
펴낸이 이리라

책임 편집 이여진
표지 디자인 엄혜리

2020년 9월 30일 1판 1쇄 펴냄
2021년 10월 20일 1판 2쇄 펴냄

펴낸곳 컬처룩
등록번호 제2011–000149호
주소 03993 서울시 마포구 동교로 27길 12 씨티빌딩 302호
전화 02.322.7019 | 팩스 070.8257.7019 | culturelook@daum.net
www.culturelook.net

Poetry of Universe: A Mathematical Exploration of the Cosmos by Robert Osserman
Copyright © 1995 by Robert Osserman
All rights reserved.
This Korean edition was published by Culturelook in 2020 by arrangement with Doubleday,
an imprint of the Knopf Doubleday Group, a division of Penguin Random House, LLC
through KCC(Korea Copyright Center Inc.), Seoul.
Korean Translation Copyright © 2020 Culturelook
Printed in Seoul

ISBN 979–11–85521–84–8   04410
ISBN 979–11–85521–70–1   (세트)

* 이 책은 (주)한국저작권센터(KCC)를 통한 저작권자와의 독점 계약으로 컬처룩에서 출
간되었습니다. 저작권법에 의해 한국 내에서 보호를 받는 저작물이므로 무단 전재와 무단
복제를 금합니다.

차례

상상의 도구로 영원과 무한에 대해 질문하다 _ 이한진   8

머리말   13

프롤로그   17

1장 측정할 수 없는 것을 측정하다   19

2장 지구를 평면에 담다   39

3장 우리가 사는 세계   65

4장 가상 세계   89

5장 굽은 공간   107

6장 보이지 않는 우주   127

7장 우리가 볼 수 있는 우주   137

8장 또 다른 차원   165

9장 우주의 모양을 상상하다   185

에필로그   217

감사의 말   218

주   223

찾아보기   251

"수학의 다채로운 아름다움이 우주와 맺는 관계를
우아하게 보여 주는 책이다."
_ 로저 펜로즈Roser Penrose, 이론물리학자

"과학의 빛과 예술의 빛은 떼려야 뗄 수 없지만, 그 빛을 가져오는
자들은 서로 다른 언어를 사용한다. 하지만 그중 최고만이 자신들이
같은 일을 한다는 사실을 이해한다. 《멋진 우주, 우아한 수학》에서
로버트 오서먼은 자기 언어를 아주 명쾌히 구사하며
자욱한 안개를 걷어 내, 두 분야를 통합하는 전통을 풍성하게 한다."
_ 마크 헬프린Mark Helprin, 소설가(《윈터스 테일Winter's Tale》)

"훌륭하다. 수학을 통해서 우주를 어느 한계까지
이해할 수 있는지 보여 주는 책이다."
_ 필립 J. 데이비스Phlip J. Davis, 수학자

"정말 재미있다. 수학과 우리 우주관이 어떻게 함께 진화하는지
보여 준다. 오서먼의 명료한 설명과 열정 덕분에 이 책은 굉장히
광범위하면서도 대단히 개인적이라는 특성을 띤다."
_ 조지 F. 스무트George F. Smoot, 천체물리학자

"인간이 주변 세상을 수학적으로 정복해 온 역사를
감탄스럽도록 명료하게 제시한다."
_ 다이앤 미들브룩Diane Middlebrook, 전기 작가(《앤 섹스턴Anne Sexton》)

상상의 도구로
영원과 무한에 대해 질문하다

이한진

(한동대학교 글로벌리더십학부/창의융합교육원 수학 교수)

기하학의 역사는 곧 수학의 역사이며 지성의 역사다. 기하학에는 세상을 어떻게 볼 것인가에 대한 물음이 담겨 있다. 오늘날 인간의 지성을 대신한다는 인공 지능의 위협을 논하는 시점에서도 우주를 이해하는 일은 아직도 멀기만 하다. 지구상 최초의 인간도 어김없이 우리처럼 밤하늘의 별을 보았을 것이다. 밤과 낮을 경험하고 계절의 변화와 순환을 관찰했을 것이다. 그는 이 세상이 얼마나 광활한지, 어쩌면 무한이라는 것이 있을지 모른다는 생각도 했을 것이다. 인간은 자신이 사는 세계를 이해하고 싶어 했다. 지상을 포함해 천상까지도. 이를 이해하고자 떠난 모험은 인간이 매번 자신의 한계를 발견하는 지점이다.

　기하학은 인간의 가장 도전적인 모험에 함께한 도구다. 기하학은 실질적인 문제를 해결하면서 탄생했다. 고대 그리스인은 최초로 지구의 크기를 짐작하는 데 기하학을 이용했으며 동시에 기하학으로 우주 자체를 이해하려고 했다. 플라톤은《티마이오스*Timaios*》에서 우주의 기본 원소를 (플라톤의 다면체라고도 불리는) 정다면체들과 대응시킬 정도로 수학적 질서가 우주를 설명하는 열쇠임을 열광적으로 믿었다.

기하학의 역사가 흥미로운 이유는 기하학적 사유의 탄생 과정이 보여 주는 놀라움에도 있지만 세계를 이해하기 위해 인간이 겪어야 했던 인식론적인 도약이 한데 엮이어 있는 데도 있다. 기하학은 볼 수 없는 것을 상상하게 하는 도구다. 우주의 광대한 그림을 대담하게 다룬 아인슈타인의 일반 상대성 이론도 기하학이라는 도구가 있었기에 가능했을 것이다.

유클리드가 세운 기하학이라는 집을 통해 수학의 길이 시작되었다. 그 길 위에서 초기의 우주론들이 탄생하였다. 비유클리드 기하학의 발견이 수학뿐 아니라 철학과 인식론 전반을 뒤흔들었을 때 우주론 연구자들은 우리의 우주는 과연 어떤 기하학적 모델을 따르고 있는지 물을 수밖에 없었다. 20세기 초의 양자 역학과 상대성 이론이 우주에 대한 근본적 이해에 대한 우리의 수준을 한 차원 높였을 때, 기하학적 구조와 이를 설명하는 대칭군이라는 개념, 오늘날 리만 기하학에서의 곡률 개념 등은 물리학 이론에서 세계를 설명하는 데 정말 중요한 역할을 하게 되었다.

우주에 대한 우리의 그림이 사실은 기하학으로 쓴 시임을 아름답게 보여 주는 이 책의 저자 로버트 오서먼은 저명한 수학자이며 기하학자다. 기하학에서 아주 어렵고도 흥미진진한 분야인

극소 곡면의 연구에서 탁월한 업적을 이루었으며 동시에 일반인을 위해 명쾌하면서도 깊이 있는 글을 쓴 수학 저술가이기도 하다. 지성사의 위대한 만남, 즉 '기하학과 우주의 만남'이라는 드라마를 이렇게 감동적으로 펼쳐 보여 줄 수 있는 사람은 아주 드물다. 수학의 모든 분야들이 그렇지만 기하학 특히 현대 기하학에 등장하는 개념들은 아주 오랜 세월의 고민과 시행착오가 녹아들어 있기에 그 이해를 위해서 상당히 깊은 사고를 요구한다. 또 그 개념을 명확하게 설명하기 위해서는 특별한 재능을 필요로 한다. 오서먼의 깊이 있는 이해와 재능이 유감없이 발휘된 이책은 시간이 흘러도 빛을 발하고 있다.

금세기 들어서 우주론 관련 놀라운 사건들이 이어지고 있다. 이 책에서도 예견한 바 있는 우주론의 다양한 예측들이 지난 20여 년간 밝혀져 왔다. 괄목할 만한 기술적 발전은 더 좋은 관측 데이터를 가능케 하였고, 우주에 대해 이론적으로만 제시된 모델들을 좀 더 꼼꼼히 검증하는 시도들이 가능해졌다. 2001년에 발사되어 9년 동안 우주 마이크로파 배경의 온도를 측정한 나사NASA의 윌킨슨 위성WMAP은 우주의 기하학적 구조에 대한 연구에 큰 시사점을 주었다. 우주가 어떤 3차원 다양체의 구조를 갖고 있는지에 대한 다양한 논의들이 제기되는 가운데 3차원 다양체의 위상 구조 연구자인 제프리 윅스Jeffrey Weeks는 윌킨슨 위성의 관측 결과에서 발견되는 특이 현상을 설명하기 위해 흥미로운 기하학적 모델을 제시했다. 2003년 〈네이처Nature〉지에 발표한 그의 모델에 따르면 우주가 푸앵카레의 12면체 공간에 해당하는 3차원 다양체 구조를 가질지도 모른다는 것이다. 3차원 다양체에 관해서라면 2003년 그리고리 페렐만Grigori Perelman이 100년 된 푸앵카레의 예상을 해결하여 세상을 놀라게 했던 사건을 떠올릴 법하다. 사실 푸앵카레의 예상은 3차원 다양체의 위상적 구조를 이해하려는 훨씬 더 큰 프로그램의 일부다. 이 프로그램은 1980년대 윌리엄 서스턴William Thurston의 획기적인 연구로 큰 진보를 이루었고 지금도 완성을 위해 활발한 연구가 이루어지고 있다. 3차원 다양체의 위상 수학은 쉽지 않은 주제이지만 윅스의 모형이 함의하는 흥미로운 점은 우주가 우리가 생각하는 것보다 아주 작을지도 모른다는 것이다. 우리가 관측할 수 있는 부분은 아주 적기 때문에 우주에 대한 이해는 거의 불가능할지도 모른다는 점에 대한 큰 반전이 아닐 수 없다.

뉴 밀레니엄의 처음 20년은 이처럼 우주의 위상 구조에 대한 다양한 모형과 가설에 대한 논의들이 풍성하게 진행된 시기였다. 이번 세기가 끝날 때쯤에는 지금보다 우주에 대한 기하학적이고 위상 수학적인 이해가 지금보다 훨씬 진보했을까? 그것은 상상에 맡길 수밖에 없다. 이 책이 그 상상의 여행을 안내할 것이다.

유클리드만이 아름다움 그 자체를 보았네.

_ 에드나 세인트 빈센트 밀레이

순수 수학은 그 나름대로
논리적 생각을 담아내는 시다.

_ 알베르트 아인슈타인

우리는 수학이란 시에 대해
많이 들어 보긴 했지만,
그 시를 읊어 본 적은 별로 없다. ……
어떤 진리든 최대한 뚜렷하고
아름답게 표현하려면
결국 수학적 형식을 취해야 한다.

_ 헨리 데이비드 소로

1992년 4월 24일 세계 곳곳의 신문은 "금세기 주요 발견 중 하나"에 대해 보도했다.[1] 누군가는 이를 우주론의 "빠진 고리"이자 "성배"라고 불렀다. 그 기사에 함께 실린 사진은 사실상 우주의 진화 과정 중 극적인 한 장면, 바로 공간이 탄생한 순간[2]을 담은 스냅 사진[3]이라고 할 수 있다. 사진이 포착한 순간보다 이전 시기에는 갖가지 소립자가 생성과 소멸을 거듭하며 한데 엉겨 있을 뿐이었다. 그러다가 전자와 양성자가 결합해 원자를 이루었다. 그때 처음으로 원자 사이에 공간이 생기면서 빛을 비롯한 갖가지 복사가 자유롭게 이동할 수 있게 되었다. '스냅 사진'에는 그 순간부터 지금까지 우주를 여행하고 우리에게 도달한 복사선의 무늬가 그려져 있다. 그 복사선(이른바 우주 마이크로파 배경 복사)을 연구해 온 과학자들이 열광한 이유는 사진 속에 어떤 패턴이 '존재'하기 때문이었다. 그들은 수십 년간 특색 없는 듯 균일한 배경 복사의 바다에서 차이의 잔물결이라도 찾으려다 실패했는데, 이제 빅뱅 이론이라는 우주 탄생 이론에서 추정한 미분화 원시 '수프' 상태와 나중에 우주가 현재의 여러 고분화 항성과 은하로 진화한 일을 연결할 만한 고리를 찾아냈다. 하지만 그 사진의 속성을 정확히 설명해 보려던 기자들은 장벽에 부딪혔다. 기자들도 독자들도, 지구에서 모든 방향으로 내다보는 동시에 빅뱅 쪽을 모든 방향으로 들여다본 광경이 담긴 사진의 역설적 속성을 받아들일 준비가 되어 있지 않았다.

1992년의 대발견은 불과 500년 전의 아메리카 대륙 '발견'을 직간접적으로 연상시킨다. 1000년경으로 더 거슬러 올라가 보면, 유럽인은 대부분 지구가 평평하다고 믿었다. 그다음 몇 세기에 걸쳐 상상력을 많이 발휘한 후에야 그들은 지구가 둥글다는 게 무엇을 의미하는지, 왜 반대편에 거꾸로 매달린 사람들이 떨어지지 않는지, 끊임없이 머리 아프지도 않는지 이해하게 됐다. 콜럼버스를 비롯한 탐험가들의 항해는 그때까지 서서히 자리 잡아 온 둥근 지구라는 이론에 현실감을 부여했다.

2000년이 가까워 오는 지금[이 책이 출간된 1995년 시점 — 옮긴이], 지구가 평평하다고 믿는 사람이야 얼마 없지만, 세계인의 대다수는 아직도 우주가 평평하다고 여기고 있다. 일상의 경험 때문에 옛날 사람들이 지구가 둥글지 않고 평평하다고 즉 평면적이라고 생각하게 됐듯이, 주변 세상에 대한 인식 때문에 지금 우리는 우주가 평평하다고 즉 '유클리드 기하학적'이라고 생각하게 된다.

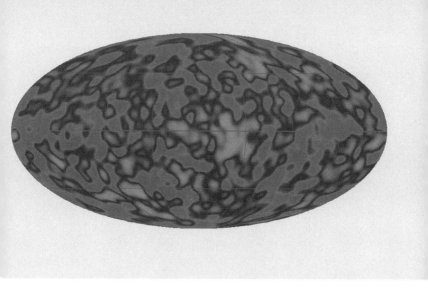

그림 1   1992년 우주 배경 복사의 강도 차이를 포착한 사진. (NASA, COBE)

20세기에 굽은 우주를 상상하려면, 1000년 전에 거대한 공 모양 천체인 지구가 더욱더 거대한 우주 공간에 어떻게든 매달려 있거나 둥둥 떠 있을 것이라고 상상하려 했을 때 못지않게 상상력을 많이 발휘해야 한다. 그렇지만 정말 우주가 굽었다는 증거는 강력한데, 우리는 바로 그런 맥락 안에서만 1992년의 우주 배경 복사 사진을 제대로 이해할 수 있다.

우주는 어떤 모양일까? 우주의 곡률이란 무슨 뜻일까? 이 책의 한 가지 목표는 이런 문제들의 의미와 각 문제의 해답을 최대한 명료하고 평이하게 설명하는 것이다. 수학에 대한 배경 지식은 별로 필요하지 않다. 이 책은 독자에게 이해하기 쉬운 수학적 측정 방법부터 일상 경험과 동떨어진 낯선 관념까지 차근차근 소개하며, 현대 우주론의 핵심을 이루는 수학 개념의 힘과 재미를 알려 준다. 그런 개념들의 발달사 또한 대체로 개념 자체만큼이나 흥미진진한데, 여기서는 그 전개 과정을 시간 순서대로 이야기하면서 주요 인물들의 생애와 성격도 살짝살짝 보여 준다. 본문에 나오는 개념의 수학적 근거를 더 자세히 알고 싶은 이들을 위해 책 뒷부분에 세부 사항과 참고 문헌을 주석으로 덧붙여 두었다.

프롤로그

맑지만 바람 부는 날 보트를 타고 있다고 상상해 보라. 수면은 하늘빛이 비치고 더해져 밝은 파랑으로 일렁인다. 그러다 갑자기 날씨가 바뀐다. 바람이 멎고 하늘에 구름이 잔뜩 끼면서 바다 표면이 잔잔해진다. 물 자체는 초록으로 바뀌고 투명해져서 저 아래의 산호초와 다채롭고 활기찬 신세계를 어렴풋이 보여 준다. 더 자세히 보려고 수면 아래로 들어가 보면, 물 위의 공기 속에서는 시력이 정상이었는데도 물속에서는 모든 게 흐릿하게만 보인다는 걸 알게 될 것이다. 그때 물안경을 쓴다면, 수면 아래 세계는 곧바로 정상적으로 뚜렷하게, 그리고 아까 위에서 내려다본 것보다 훨씬 아름답게 보일 것이다.

맑고 달 없는 밤에 도시 불빛에서 멀리 벗어나 사막 한가운데로 간다고도 상상해 보라. 아주 캄캄한 배경 덕분에 수많은 항성, 행성, 성운, 별자리와 은하수가 뚜렷하게 드러나며 아찔하게 펼쳐진다. 망원경을 이용하면 한층 더 신기한 광경을 볼 수 있다. 장엄한 나선 은하들, 과거에 초신성이 폭발하면서 거대한 공 모양으로 내뿜은 색색의 빛들. 갈수록 정교해지는 천문 기기들은 예전에 전파 망원경으로 관측한 '우주 잡음'에서 어디나 있는 우주 배경 복사cosmic background radiation의 이미지는 물론 펄사pulsar(맥동성), 퀘이사quasar(준항성체)의 이미지도 추출해 낸다. 하지만 이들은 모두 우주라는 장대한 바다의 표면에 나타나는 모습이다. 그 표면 아래 우리 시야 밖에 있는 것, 온갖 현상을 낳은 기본 구조에 해당하는 것을 보려면 이 장비를 꼭 갖춰야 한다. 상상력을 본래의 한계 밖에서 발휘할 수 있게 해 주는 마음의 안경.

이 책의 목표는 바로 그런 마음의 안경을 제공해 독자가 굽은 시공간이란 낯선 세계에서 자유롭게 돌아다니게 해 주는 것이다. 그 세계로 단번에 뛰어들길 바랄 수는 없겠지만, 인내력과 끈기를 조금 발휘하며 적절한 도구를 사용하면, 뜻밖의 새로운 풍경을 접하며 상당한 보상을 받게 될 것이다. 그뿐 아니라 이 책은 인간의 상상력에 대한 찬사이기도 하다. 그런 정신적 도약 능력이 없다면, 외부 세계가 우리 감각에 미치는 영향은 대부분 잡음이 되고 말 것이다. 수학적 상상과 심상을 면밀히 연결해 보면, 표면 아래에 숨어 있지만 무척 아름다운 구조를 꿰뚫어 볼 수 있다.

1장

측정할 수 없는 것을
측정하다

지구여, 네 그림자가 극점에서 한가운데 바다까지
달의 온화한 빛을 슬그머니 덮어 가는구나
단 한 가지 색의 부드러이 굽은 선으로
더없이 차분하고 고요하게.

_ 토머스 하디Thomas Hardy, 〈월식을 보며At a Lunar Eclipse〉

2000여 년 전 고대 그리스의 철학자–과학자들은 당시로선 상당히 벅찬 일에 뛰어들었다. 지금으로 치면 태양계 외곽 탐사에 나선 셈이었다. 그것은 지구 전체의 크기와 모양을 알아내는 일이었다. 고대 그리스인에게 지구는 상상도 못 할 만큼 컸다. 그리스인이나 그들이 만난 문명인들이 육지든 바다든 다녀 본 곳은 지구의 일부에 불과했다. 직접 측정할 수 있는 아주 작은 일부 지역에서 벗어나 탐사해 보기는커녕 꿈도 못 꿔 본 멀고 광대한 지역으로 나아가려면, 비상한 묘수가 필요했다. 게다가 완전히 새로운 학문 분야를 체계적으로 발전시켜야 했다. 그리스인은 그 분야를 '게오메트리아γεωμετρία/geometry'(기하학)라고 불렀는데, 이는 문자 그대로 풀이하면 '토지(지구) 측량'이라는 뜻이다.

기하학의 초기 역사에서 가장 유명한 인물은 BC 6세기에 활동한 피타고라스Pythagoras다. 하지만 피타고라스보다 훨씬 이전에 이집트인은 수직선, 이를테면 피라미드 맨 아랫부분의 테두리를 간단히 그리는 방법을 고안해 냈다. 그들은 밧줄에다 일정 간격으로 매듭지은 후 매듭 간격을 단위로 삼아 밧줄을 길이가 3, 4, 5인 부분으로 나누었다. 그리고 땅에 말뚝 세 개를 적절히 박고 거기에 밧줄을 팽팽히 둘러쳐서 변 길이가 각각 3, 4, 5인 삼각형을 만들면 길이가 3인 변과 4인 변 사이의 각도가 직각, 즉 90도가 된다는 사실을 알아냈다. 또 그들은 변의 길이가 그와 달라도 어떤 조건에 맞으면 같은 용도로 쓰일 수 있다는 사실도 알아냈다. 직각을 얻는 비결은 가장 긴 변 길이의 제곱이 나머지 두 변 길이의 제곱의 합과 같게 하는 것이었는데, 우리는 이 관계를 '피타고라스 정리'로 알고 있다. 바빌로니아인도 그 관계를 알았다. 사실 피타고라스보다 1000여 년 앞서 '법전 제정자' 함무라비왕 시대에 바빌로니아인[4]은 수학을 이집트인보다 훨씬 높은 수준으로 발전시키면서 기하학은 물론 더 정교한 수 체계와 약간의 기본 대수학도 개발했다. 그들은 아마 피타고라스 정리도 알았겠지만, 직각 삼각형의 세 변 길이에 해당하는 수 조합을 여러 가지 찾아내 목록으로 정리해 두기도 했다. 그중에는 (65, 72, 97)과 (119, 120, 169) 같은 뜻밖의 조합도 있다.

그렇다면 왜 그 정리에는 후발 주자인 피타고라스의 이름이 붙었을까? 이집트인과 바빌로니아인은 그보다 앞서긴 했지만 아무래도 증명이라는 수학의 핵심 개념을 생각해 본 적이 없는 듯하다. 피타고라스의 이름이 그 정리에 붙은 이유는 그가 그런 증명을 최초로 내놓았다고 알려졌기 때문이다. 하지만 그가 증명했다는 직접적 증거는 없다. (피타고라스가 뭔가를 문서로 남겼는지조차 분명하지 않다. 문서를 남겼다 하더라도 지금까지 남아 있는 것은 하나도 없다.) 아마도 피타고라스 정리의 첫 증명은 그의 계승자들인 피타고라스 학파가 다음 세기에 내놓았을 것이다.

그리스 수학자 중 가장 유명한 유클리드Euclid는 피타고라스가 죽고 200여 년이 지난 후에야 태어났다. 피타고라스 시대와 유클리드 시대 사이에 기하학은 평행한 두 경로로 발전했다. 한 경로에서는 삼각형과 사각형, 원호로 둘러싸인 도형 같은 특정 모양을 상세히 연구했다. 나머지 한 경로에서는 증명법과 연역법을 발전시켜, 직접 관찰법으로는 못 알아냈을 새로운 것들을 발견해 냈다.[5] 유클리드가 등장했을 무렵에는 기하학 지식이 꽤 많이 축적되어 있었다.

유클리드의 생애[6]는 피타고라스보다도 알려진 바가 적다. 확실히 말할 수 있는 것이라고는 그가 BC 300년경에 알렉산드리아에서 살았다는 사실뿐이다. 하지만 피타고라스와 달리 유클리드는 문서를 남겼는데, 그것은 지금까지 남아 있을 뿐 아니라 수학 전반의 본보기가 되며 현대 과학 중 상당 부분의 기초를 이루고 있다.

유클리드의 기념비적 저작인 《원론*The Elements*》은 열세 권짜리 수학 개론서다. 그중 다섯 권은 평면 기하학, 세 권은 입체 기하학, 나머지는 그 밖의 몇몇 분야를 다룬다.

유클리드의 《원론》은 서양인들의 정신에 깊은 영향을 미쳤다. 처음에 수학을 비롯한 여러 과학 분야의 연구 수단이자 본보기로 여겨진 그 내용은 점차 정규 교육의 기본 요소, 즉 어린 학생들이 꼭 배우고 익혀야 하는 지식으로 자리 잡아 갔다. 《원론》이 매력적인 데는 적어도 네 가지 이유가 있다. 첫째는 확실성이다. 불합리한 신념과 불확실한 추측이 난무하는 세상에서 《원론》에 실린 명제들은 의심할 여지 없이 참이라고 증명됐다는 공감대가 형성되어 있다. 비록 유클리드가 사용한 가정과 추론법의 어떤 측면들이 수세기에 걸쳐 의문시되긴 했지만, 놀랍게도 2000년이 지나도록 아무도 《원론》에서 실질적 '오류,' 즉 해당 가정에서 논리적으로 도출되지 않은 명제를 발견하지 못했다. 둘째는 그 방법이 매우 강력하다는 것이다. 처음에 명쾌히 제시한 몇 안 되는 가정에서 유클리드는 갖가지 멋진 결론을 줄줄이 이끌어 냈다. 셋째는 증명 과정에 기발함이 발휘되었다는 점인데, 그것은 완성도 높은 추리 소설의 매력을 한층 더해 주는 기발함과도 크게 다르지 않다. 끝으로, 《원론》의 초반 몇 권에 나오는 추론 대상은 거기 어떤 형식적 추론이 적용되든지 간에 그 자체로 미적 매력이 있는 기하도형들이다. 이런 특징을 어느 정도 알아차린 시인 에드나 세인트 빈센트 밀레이Edna St. Vincent Millay는 한 작품에서 다음과 같이 말했다. "유클리드만이 아름다움 그 자체를 보았네."

수학자들이 연구한 여러 도형 가운데 특히 매력적인 도형이 하나 있었는데 그것은 바로 원이었다. 유클리드 기하학과 마찬가지로 원은 장차 지구와 우주의 모양과 작동 원리를 설명하려는 온갖 시도에 좋든 나쁘든 강력한 영향[7]을 미칠 운명이었다.

인간이 원이라는 개념을 처음 인식하게 된 계기는 무엇일까? 자연에서 진짜 원을 보는 경우는 의외로 적다. 가장 두드러진 예는 역시 날마다 떠오르는 태양이다. 물론 지평선이나 수평선 가까이에 있거나 엷은 구름이나 안개에 살짝 가려 있을 때가 아니면 너무 밝아서 직접 볼 수도 없지만 말이다. 어찌 보면 더욱더 감탄스러운 예는 보름달이다. 서서히 변해 가는 달 모양은 28일

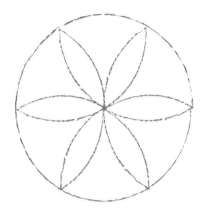

그림 2   기하 도형의 예.

에 한 번씩 완벽한 원이 된다. 별을 관찰하는 사람들이 알게 된 또 다른 (간접적) 예는 밤마다 머리 위에서 움직이는 별들의 경로다. 별들은 하늘에서 원호를 그리는데, 그 패턴은 북극성 주변에서 가장 눈에 띈다. 지구상에 나타나는 원 모양의 일례는 잠잠한 물웅덩이에 빗방울이 몇 개 떨어지거나 고요한 연못에 누가 돌멩이를 던져 넣었을 때 생기는 아름다운 잔물결 무늬다. 바닷가나 배 뒷부분에 서 있는 사람에게는 수평선 자체가 거대한 원 모양으로 보인다.

어쩌면 바로 그런 수평선의 둥근 모양이 지구 모양에 대한 첫 단서가 되었을 것이다. 지구 모양을 밝혀 줄 구체적인 첫 번째 증거는 (옛날에) 지구 자체를 직접 관찰해 얻은 결과가 아니라, 밤

그림 3   월식의 네 단계. 처음에는 보름달이 거의 완전히 동그란 모양으로
보이지만, 얼마 후부터는 지구 그림자가 달 표면을 서서히 가로질러 이동함에 따라
달에서 점점 더 많은 부분이 둥글게 가려진 모양으로 나타난다.

하늘을 주시하다 발견한 것이었다. 초창기 천문학자들이 두 가지
주요 관측 결과의 의미를 언제 이해했는지는 알 도리가 없지만,
BC 4세기에 아리스토텔레스가 둘의 의미를 모두 알아차린 것은
분명하다.[8]

그중 한 관측 결과는 월식과 관련이 있었다. 월식은 태양, 지
구, 달이 일렬로 늘어서서 지구가 달로 가는 태양 빛을 일시적으
로 가릴 때 나타나는 현상이다. 지구의 그림자는 달 표면을 서서

히 가로질러 이동하는데, 분명히 둥근 모양을 띤다.

　나머지 한 증거는 좀 더 우회적이지만 훨씬 설득력 있었다. 그 증거를 얻으려면 지구상의 한 고정점에서가 아니라 위도가 다른 몇몇 지점에서 하늘을 관측해야 했다. 그랬을 때 명백해진 사실은 관측자가 남쪽으로 이동할수록 북쪽 하늘에서 많이 봤던 별자리가 좀 더 아래쪽에 나타나고 남쪽 하늘에 있던 별자리가 좀 더 위쪽에 나타난다는 것이었다. 게다가 위도가 높은 지점[9]에서는 한 번도 못 봤던 별자리가 지평선 가까이에 새로 나타나기도 했다. 관측자가 남쪽으로 가면 갈수록, 그런 새로운 별자리도 하늘에서 점점 더 위쪽에 나타나고, 시야에 들어오는 새로운 별자리의 수도 점점 많아졌다. 결국은 그런 변화가 지구가 둥글다면 나타날 만한 현상과 꼭 맞아떨어진다는 것이 명백해졌다. 그리하여 2000여 년 전에 지구가 평평하다는 생각은 관찰로 확인한 사실과 전혀 맞지 않아 버려질 수밖에 없었다. 상대적으로 더 어려운 문제는 지구의 모양을 밝히는 질적 문제가 아니라 지구의 크기를 알아내는 일이었다. 광활한 바다가 이동로를 떡하니 가로막고 있는데 어떻게 지구 전체의 크기를 측정할 수 있겠는가? 아주 기발한 해답 중 하나는 알렉산드리아의 에라토스테네스 Eratosthenes가 내놓았다.

　알렉산드리아는 나일강이 이집트 북부에서 지중해로 흘러드는 어귀의 삼각주에 알렉산드로스왕이 세운 도시다. 자신의 원대한 야망에 걸맞은 도시를 꿈꾸던 그는 눈부신 성공을 거두었

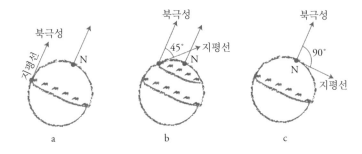

그림 4 a. 적도에서 보면 북극성이 지평선에 걸쳐 있을 것이다.

b. 위도가 45°인 지점에서는 북극성이 지평선에서 45° 위에, 즉 지평선 쪽과 머리 바로 위쪽의 중간에 보일 것이다.

c. 북극에서는 북극성이 머리 바로 위쪽에 나타날 것이다. 적도 이남에서는 북극성을 절대 볼 수 없다. (이런 설명은 모두 대략적인 이야기일 뿐이다. 북극에서 북극성이 정말 머리 바로 위쪽에 있다면 정확한 설명이 되겠지만, 실제로 그 별은 지축에서 1° 정도 벗어난 방향에 있다.)

다. 고대 알렉산드리아에는 당대의 내로라하는 문인과 학자들이 모여들었는데, 그 이유 중 하나는 그곳에 세계 최대 규모의 도서관이 있었기 때문이다. BC 3세기 후반에 도서관 관장이었던 에라토스테네스는 알렉산드리아 최고의 과학자였을 뿐 아니라 시집과 문학 비평서를 쓰기도 했다.

에라토스테네스가 지구 크기를 알아내려고 사용한 방법은 세 가지 요소에 기반을 두었다. 첫째는 약간의 초등 기하학 지식인데 이것은 잠시 후에 설명하겠다. 둘째는 이집트 남부 나일강 기슭의 시에네(지금의 아스완)라는 도시의 마침맞은 지리적 특성과 관

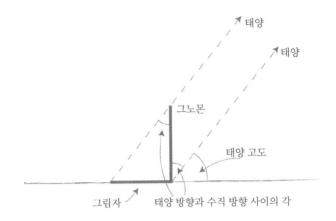

태양

태양

그노몬

태양 고도

그림자   태양 방향과 수직 방향 사이의 각

그림 5   그노몬과 그림자.

련이 있었다. 셋째는 '그노몬gnomon'이라는 매우 간단한 장치였다.

그노몬은 아주 오랫동안 쓰여 왔다. 그것은 평평한 땅에 막대 하나를 수직으로 세워 놓은 형태였다. 그 장치를 이용하면 태양이 하늘을 가로질러 이동할 때 햇빛 때문에 생기는 그림자를 좇을 수 있었다. 그노몬은 좀 더 발전된 형태의 해시계만큼 구체적으로 시각을 알려 주지는 못하지만, 의외로 유용한 정보를 많이 제공한다.

우선, 그노몬은 하루에 한 번씩 정확한 시각을 알려 준다. 그때는 바로 태양이 가장 높이 떠 있고 그노몬 그림자가 가장 짧은 순간, 즉 정오다. 게다가 그노몬은 나침반 역할도 한다. 정오의 그림자는 정북 방향을 가리키기 때문이다. (적어도 알렉산드리아를 포함

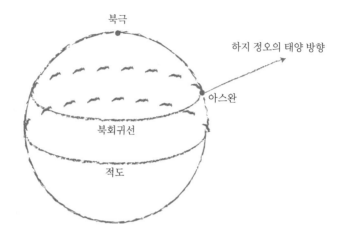

그림 6　　북회귀선은 북위 약 23.5도의 지점들을 둥그렇게 이은 선을 이르는 말이다.

한 북반구 대부분 지역에서는 그러하다. 아무튼 관찰자가 어느 반구에 있든지 간에 정오에 햇빛이 비쳐서 생기는 그림자는 남북축[지축]과 나란히 있기 마련이다.)

　또 그노몬은 원시 달력 역할을 하며 1년 중 중요한 두 날, 하지와 동지가 언제인지 알려 주기도 한다. 1년 동안 날마다 정오에 그림자의 끝점을 표시해 보면, 태양이 낮게 뜨는 겨울에는 그림자가 길고 태양이 높이 뜨는 여름에는 그림자가 짧다는 사실을 확인할 수 있다. 정오의 그림자는 1년 주기로 순환한다. 여름 어느 날 가장 짧아졌다가 서서히 늘어나 6개월 후 가장 길어졌다가 그다음 6개월에 걸쳐 또다시 짧아진다. 태양이 가장 높이 떠서 정오 그림자가 가장 짧은 날을 '하지'라고 부른다. 그리고 6개

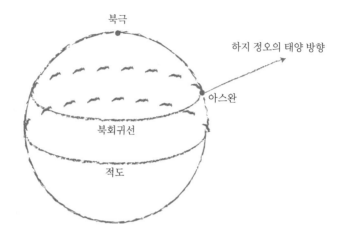

월 후 태양이 가장 낮게 떠서 정오 그림자가 가장 긴 날을 '동지'라고 한다. 초창기에는 하지와 하지(혹은 동지와 동지)[10] 사이의 날짜를 헤아려 1년의 길이를 정확히 잴 수도 있었다.

끝으로, 그노몬을 이용하면 (적어도 맑은 날에는) 태양 고도, 즉 태양과 지평선 사이의 순간별 각거리를 구할 수도 있었다. 측정자는 그림자 길이와 막대 길이를 재기만 하면 되었다. 그런 측정값으로 직각 삼각형을 일정 비율로 축소해 그리면 그림자 맞은편의 각을 잴 수 있는데, 그 각은 태양 방향이 머리 바로 위쪽, 즉 수직 방향에서 얼마나 벗어나 있는지를 나타낼 것이다.

그노몬의 이런 쓰임새는 에라토스테네스 시대의 사람들에게 잘 알려져 있었다. 하지만 지구 크기를 구하려던 에라토스테네스에게 착안점이 된 것은 아스완의 마침맞은 지리적 특성이었다. 아스완은 알렉산드리아의 거의 정남쪽에 있다. 게다가 태양이 매년 한 번씩 머리 바로 위쪽을 지나는 특혜를 누리는 곳이기도 한데, 그때는 바로 하지의 정오다. 해마다 그 순간이 되면 아스완의 그노몬은 그림자를 전혀 드리우지 않는다. (아스완은 거의 북회귀선상에 위치한다. 북회귀선이란 하지 정오에 태양이 머리 바로 위쪽을 지나는 북위 약 23.5도의 지점들을 둥그렇게 이은 선을 이르는 말이다.)

에라토스테네스는 이 사실들에 간단하지만 기발한 기하 추론을 적용해 주목할 만한 성과를 거두었다. 지구 둘레를 계산해 낸 것이다. 하지 정오에 그는 그냥 알렉산드리아에서 그노몬으로 태양 방향과 수직 방향 사이의 각[11]을 구하기만 했다. 그 순간

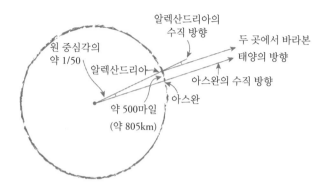

그림 7   에라토스테네스의 지구 둘레 측정 방법: 아스완에서 태양이 머리 바로 위쪽에 있을 때 알렉산드리아에서 수직 막대의 그림자를 이용해 태양 방향과 수직 방향 사이의 각을 잰다.

에 아스완에서는 태양이 머리 바로 위쪽에 있었으므로, 그는 이로써 알렉산드리아의 수직 방향과 아스완의 수직 방향 사이의 각을 알아낸 셈이었다. 그 각은 원 중심각의 1/50에 해당했다. 그렇다면 지구 전체 둘레는 알렉산드리아와 아스완 사이 거리의 50배일 터였다. 아스완에서 알렉산드리아까지 거리가 현대의 측정값에 따르면 약 500마일(약 805킬로미터)이므로, 지구 둘레는 약 25,000마일(약 4,0234킬로미터)일 것이다.

에라토스테네스가 쓴 방법[12]은 어쨌든 무척 간단하면서도 기발한 것이지만, 그 계산 과정에는 부정확하고 불확실한 요소가 몇 가지 포함됐다. 첫째, 태양 방향과 수직 방향 사이의 각은 대략 잴 수밖에 없었다. 둘째, 아스완은 정확히 알렉산드리아의 정남쪽에 있는 게 아니라 거의 그쪽에 있을 뿐이다. 셋째, 두 도시 사이의 거리를 정확히 측정하기는 어렵거나 불가능했을 것이다. 끝으로, 고대의 측정 단위를 현대의 단위로 해석하는 방법은 상당히 불확실하다. 먼 거리는 '스타디아stadia'라는 단위로 표시했는데, 1스타디아는 스타디움stadium 하나의 길이에 해당했다. 에라토스테네스가 구한 지구 둘레는 250,000스타디아였다. 1'스타디아'는 600'피트feet'로 표준화되어 있었지만, 1피트는 표준 단위가 아니어서 경우에 따라 10퍼센트 넘게 차이가 나기도 했다. 25,000마일이라는 지구 둘레 수치는 1스타디아를 최대한 짧게 잡았을 때 나오는 값이다. 그래서 결국 에라스토테네스의 계산 결과는 이런저런 이유로 정밀한 과학적 측정값이라기보다는 '어림값'이라고 불릴 만하게 되었다. 그럼에도 불구하고 그 성과는 대양과 두 극지방을 가로지를 수 없어 직접적 방법을 절대 쓰지 못했던 시절에 간단하지만 기발한 기하 추론법이 통했다는 사실을 극적으로 증언해 준다.

에라스토테네스의 지구 크기 추정값은 가장 유명하긴 하지만 결코 최초는 아니었다. 이전 세기에 아리스토텔레스는 무명의 수학자들이 내놓았다는 수치를 하나 인용했는데, 어쩌면 그들은 훨씬 이전 시대의 사람이었을지도 모른다. 이를 비롯한 여러 지구 둘레 추정값은 수세기 후 대항해 시대에 중요한 역할을 할 터였다. 게다가 에라스토테네스가 쓴 것과 같은 추론법은 우주 전체의 형태와 규모를 이해하려는 장기적 시도에서 더욱더 큰 역할을 할 터였다.

고대 그리스인은 지구 둘레를 측정하려다 보니 그와 관련된 문제들, 이를테면 지구 지름을 어떻게 구할 것인가 같은 문제에도 자연히 관심을 두게 되었다. 지구 표면을 따라 거리를 직접 측정하는 일이 불가능해 보였다면, 지구 중심을 곧장 가로질러 지름을 측정하는 것은 공상 속에서나 가능한 일이었다. 이번에도 해결의 열쇠는 기하학에 있었다.

원의 기본 속성 중 하나는 모두 서로 닮았다[13]는 것이다. 원은 클 수도 있고 작을 수도 있으며 확대되거나 축소될 수도 있지만, 모든 부분이 서로서로 비례하기 때문에 둘레와 지름의 비 같은 비율이 크기와 상관없이 일정하다. 문제는 이것뿐이다. 그 비율은 얼마인가? 답이 3에 가깝다는 사실은 오래전부터 알려져 있었다(성경에도 언급되어 있다).[14] (성경 시대보다 훨씬 이전에 바빌로니아인과 이집트인들은 $3\frac{1}{8}$ 같은 좀 더 정확한 근삿값도 알았다.) 근현대에 그 비율을 그리스 문자 π(파이)로 나타내는 까닭은 π가 '둘레'를 뜻하는 그리스어의 머리글자이기 때문이다. π 값을 처음 치밀하게 계산한 사람은 에라토스테네스와 같은 시대에 살았던 고대 최고의 과학자 아르키메데스였다. 그는 π 값이 $3\frac{10}{71}$과 $3\frac{1}{7}$ 사이에 있다는 것을 증명해 보였다. 그렇다면 알렉산드리아에서 알렉산드리아까지 지구 한 바퀴의 길이가 25,000마일이라고 했을 때 지구 중심을 가로지르는 직선의 길이는 7955마일(약 12,800킬로미터) 내지 7960마일(약

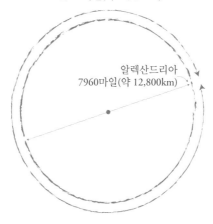

25,000마일(약 40,234km)

알렉산드리아
7960마일(약 12,800km)

그림 8   지구 지름 '측정.'

12,810킬로미터)일 것이다. 이 정도면 오차 범위가 매우 좁은 편이다.

그리하여 지구의 크기와 모양은 2000여 년 전에 웬만큼 밝혀졌다. 안타깝게도 고대 문명이 붕괴되면서 유럽 대륙에서는 1000년간 축적된 지식이 사라져 버렸다. 다행히도 서양이 쇠퇴할 무렵 아랍 문명·문화가 발흥하면서 고대 지식의 상당 부분이 거기로 번역되어 전해졌다. 그러면서 기존 지식을 개선하려는 욕구도 생겼다. 일례는 사마르칸트의 알카시Al-Kashi[15]가 이룩한 놀라운 업적이었다. 그는 1424년 아르키메데스의 π 계산법을 엄청나게 확장해 그 값을 소수점 이하 열여섯째 자리[16]까지 구했다. 알카시가 그렇게 한 것은 기존 계산 결과를 훨씬 넘어서는 값을 구하는 일이 그 자체로 무척 즐거워서이기도 했지만 아주 구체적인 목적을 위해서이기도 했다. 그 목적이란 우주(천구)의 둘레를 말 털 한 가닥 굵기만큼의 오차 범위 내에서 구하는 것이었다. 그가 π 값 계산에서 달성한 정확도가 어느 정도인가 하면, 지구가 둘 레 25,000마일의 완벽한 구라고 했을 때 알카시의 π 근삿값을 이 용하면 지구 지름을 1000만 분의 1인치(약 10억 분의 254센티미터) 오 차 범위 내에서 구할 수 있을 정도였다. 당시에 그것과 그나마 비 교할 만한 업적이라면 5세기에 중국 수학자 조충지祖沖之[17]가 구 한 값 355/113, 즉 $3\frac{16}{113}$뿐이었는데, 이 π 근삿값은 소수점 이하 여섯째 자리까지 정확하다.

알카시가 살았던 당시에 사마르칸트는 문명의 중심지 중 한 곳이었다. 몽골계 정복자 티무르는 그곳을 수도로 삼아 티무르제 국을 세웠다. 나중에 티무르의 뒤를 이은 손자 울루그베그는 자 신이 수학과 천문학에 조예 깊은 것을 자랑스러워했다. 그가 사 마르칸트에 세운 천문대는 알카시가 일한 곳이었으며, 당대 최고 의 천문표가 편찬된 곳이기도 했다. 지금 우리가 쓰는 별 이름 가 운데 상당수는 아랍어에서 유래했다.

사마르칸트는 지금 우즈베키스탄의 남부에 위치하는데, 그 지방은 그리스 문명 쇠퇴기 이후부터 근대 이전까지 전 세계의 수학 인재 가운데 상당수를 배출했다. 그중 두 주요 인물은 아 랄해 바로 남쪽의, 당시 콰리즘(호라즘)이라 불리던 지역 출신이었 다. 한 명은 뛰어난 학자 알비루니Al-Biruni로 973년에 태어나 다 음 세기까지 오래도록 살았다. 그의 이름은 나중에 다시 볼 일이 있을 것이다. 더욱더 유명한 나머지 한 명은 출신 지명에 따라 알콰리즈미Al-Kwarizmi라고만 알려졌다. 그의 이름은 '알고리즘 algorithm'이란 현대어로 탈바꿈했고, 그가 쓴 책 중 한 권의 제목에서는 대수학을 뜻하는 영어 'algebra'가 유래했다. 또 알콰리즈미는 '인도 산술'에 대한 최초의 아랍어 논문을 쓰기도 했는데, 나중에 그 논문은 그런 주제를 다룬 최초의 라틴어 번역본으로 거듭나 '아라비아 숫자'가 서양에서 보편화되는 데 일조했다.

칼리프 알마문Al-Mamun의 재위 기간(813~833)에 알콰리즈미는 알마문이 설립한 '지혜의 집'이라는 일종의 학술도서관·연구소에서 일했다. 알콰리즈미가 참여한 알마문의 사업 중 하나는 지표면에서 위도 1도만큼의 거리를 직접 측정해 지구 둘레를 정밀하게 추산하는 일이었다. 측량단은 바그다드 북쪽 320킬로미터쯤에 있는 넓은 평원(성경에 나오는 니네베란 도시에서 멀지 않은 곳)으로 갔다. 그들은 한 지점에서 정오의 태양 고도를 잰 후 정북쪽으로 이동해 그 고도가 첫 측정값보다 정확히 1도 낮은 지점까지 갔다. 그들이 이동한 거리는 약 57마일(약 92킬로미터)이었다. 측량단은 원의 중심각이 360도이니 지구 둘레는 자기네 이동 거리의 360배, 즉 약 20,500마일(약 32,992킬로미터)일 것이라고 추산했다. 당시 사용한 1'마일'이라는 단위가 지금의 1'마일'(약 1.6킬로미터)보다 다소 길었으므로 이 지구 둘레 추정치는 실질적 수치보다 조금 적은 값이다. 하지만 그것은 별로 중요하지 않다. 중요한 것은 9세기 초에 이슬람 과학계에서 지구가 구형이라는 것을 명확한 사실로 받아들였다는 점이다. 당시 이슬람 학자들은 지표면이 굽었기 때문에 관찰자가 북쪽이나 남쪽으로 이동하면 별과 태양의 고도가 달라지는 것을 알고 있었으며, 거리를 정밀히 잰 두 지점에서 별과 태양의 고도를 측정해 지구의 모양은 물론 크기도 알아냈다.

하지만 1000년경 유럽인은 대부분 근동과 극동에서 알아낸 온갖 지식도, 1000여 년 전 고대 그리스인이 축적한 지식도 모르고 있었다. 그들은 실질적으로나 비유적으로나 지평선 너머를 보지 못했다. 그들에게 지구는 평평한 곳이었고 우주는 불가해한 곳이었다.

2장

지구를
평면에 담다

신들 가운데 누군가가 뒤죽박죽이던 덩어리를
그렇게 나누고 모든 부분을 적당히 조화시켰다.
이어 그는 우선 대지를 불균형해 보이지 않도록
둥그렇게 뭉쳐서 커다란 공 모양으로 만들었다.

_ 오비디우스Ovidius, 《변신 이야기 *Metamorphises*》
(2~8년경, 조지 샌디스Gerorge Sandys의 1626년 영역본)

서양에 대한 해묵은 오해 중 하나는 크리스토퍼 콜럼버스Christopher Columbus[18]가 탐험을 후원받기 위해 먼저 지구가 둥글지 않고 평평하다는 통념부터 극복해야 했으며 아시아를 찾아 서쪽으로 항해하면서 세상 끝에서 떨어질 위험을 무릅썼다는 것이다. 이 오해는 분명 지난 역사를 압축하며 중세 초기와 중세 말기를 하나로 합쳐 버린 데서 어느 정도 기인한다. 중세 초에는 지구가 평평하다는 믿음이 실제로 유럽에 널리 퍼져 있었지만, 몇백 년 후인 중세 말에는 유럽이 고대 그리스와 중세 이슬람의 지식수준을 따라잡았을 뿐 아니라 부분적으로는 넘어서 있었다.

천문학자이자 지리학자이면서 수학자인 프톨레마이오스 Ptolemaeus는 콜럼버스가 태어나기 1000여 년 전, 로마 제국의 전성기에 알렉산드리아에서 살았다. 2세기에 그는 수백 년 전부터 축적된 과학적 성과를 통합하고 확장하는 데 힘썼다. 프톨레마이오스의 업적 중 하나는 두 권의 책을 완성한 일이다. 이 책들은 이슬람 학자와 르네상스기 유럽인에게서 하늘과 땅을 더없이 명확히 설명해 준다는 평을 받았다. 첫 책은 '가장 위대한 것'이란 뜻의 아랍어·그리스어 합성어를 라틴어식으로 옮긴 《알마게스트*Almagest*》[19]라는 제목으로 알려졌다. 기하학에서 유클리드의 《원론》이 중요한 만큼 천문학에서 《알마게스트》도 중요하게 여겨져 1000년 넘게 최고의 천문학 논문으로 남아 있었다.

프톨레마이오스의 《지리학*Geography*》 또한 모두가 경의를 표하는 최고의 참고서가 되었다. '땅을 측량한다'는 뜻의 기하학geometry과 '땅을 기술한다'는 뜻의 지리학geography은 불가분의 관계가 있을 것 같지만, 두 분야의 초창기 역사는 아주 뚜렷이 구별되었다. 당시 지리 정보는 얼마 안 되는 데다 믿을 만한 것도 못 되었는데, 지도란 원래 너무 곧이곧대로 해석하면 안 되는 것이었다. 에라토스테네스는 수학적 방법을 지도 제작에 도입한 선구자로 꼽힌다. 에라토스테네스가 쓴 방법은 히파르코스Hipparchus가 개선했는데, 그는 고대의 걸출한 천문학자였을 뿐 아니라 삼각법의 창시자로도 알려져 있다. 삼각법이란 삼각형의 변과 각의 관계를 체계적으로 연구하는 분야를 말한다. 프톨레마이오스는 기존의 방법과 지식을 이용하여 기하학을 지리학 연구에 십분 활용했다. 그는 다음과 같이 썼다.

> 지리학에서는 지구 전체의 형태와 규모, 하늘에 대한 상대적 위치도 고려해야만 해당 지역의 특성과 규모를 제대로 진술할 수 있을 것이다……
>
> 이 모든 것을 인간이 이해할 수 있게 된 것은 수학이 이룩한 대단하고 훌륭한 성과다……

로마가 몰락한 후 유럽의 지도 제작 양상은 사실과 과학보다 신념과 풍문에 근거하는 예전의 비현실적 상태로 되돌아갔다. 프톨레마이오스의 《지리학》은 13세기가 되어서야 다시 세상에 나왔으나 그때는 그리스어 원전밖에 없었다. 당시 그리스어는 널리 알려지지 않은 언어였다. 그 책은 200년이 더 지나고 나서야 라틴어로 번역됐는데, 번역본 초판은 1472년에 나왔다. 콜럼버스도 1479년 인쇄본을 한 권 가지고 있었다.

프톨레마이오스의 《지리학》에서는 지구가 구형이라는 것을 기정사실로 받아들인다. 그 후 1200~1500년에 나온 몇몇 책에서도 지구 모양을 논했는데, 그중 가장 주목할 만한 책의 제목만 봐도 15세기 지식인의 세계관이 어땠는지 분명히 알 수 있다. 그 제목은 그냥 《구球The Sphere》였다. 저자는 요하네스 드 사크로보스코Johannes de Sacrobosco[20]로 알려졌는데, 이는 13세기 초에 책을 몇 권 쓴 영국인 홀리우드의 존John of Holywood의 라틴어식 이름이다. 아마 역대 교과서 중에 사크로보스코의 《구》만큼 성공적이었던 책은 없을 것이다. 그 책은 초판 발행 후 500년이 지난 뒤에도 절판되지 않고 계속 사용됐다. (유클리드의《원론》을 교과서로 친다면 그 책이 단연 최장수 기록을 보유하겠지만,《원론》은 집필 의도가 사뭇 다른데 어떻게 봐도 원래 교과서는 아니었다.)

《구》를 집필하면서 사크로보스코는 프톨레마이오스《알마게스트》의 주요 구절을 고쳐 쓰고 새로운 자료를 추가하며 전문적 내용을 다소 생략해 우주의 작동 원리에 대한 당시 정설을 좀 더 이해하기 쉽게 설명했다. 제목이 암시하듯 '구'가 모든 것의 열쇠였다. 지구는 수많은 별이 붙박여 있는 거대한 구 안에 있는 구체였고, 태양, 달, 행성은 중간의 여러 구에 붙어 있었다. 지구가 평평하지 않고 둥글다는 증거는 프톨레마이오스의 책에서 그대로 따왔다.

> 만약 지구가 동서로 평평하다면, 별 뜨는 시각이 서쪽 사람에게나 동쪽 사람에게나 같을 텐데,[21] 이는 사실이 아니다. 또 만약 지구가 남북으로 평평하다면, 누군가에게 늘 보이는 별들이 어디에서든 늘 보여야 할 텐데, 이는 사실이 아니다. 그런데도 지구가 사람 눈에 평평해 보이는 까닭은 지구가 너무나 광대하기 때문이다.

《구》에서는 에라토스테네스가 쓴 것과 비슷한 방법으로 지구 둘레를 추산하기도 하고, π 값을 22/7로 잡아 지구 지름을 계산하기도 한다.

사크로보스코 책은 얼마나 영향력이 컸을까? 1366년 파리대학교의 교수진은 석사 학위 취득 요건 중 하나로,《구》와 다른 한 책에 대한 강좌를 수강해야 한다는 것으로 판단했다.《구》관련 강좌 수강은 1389년 빈대학교, 1409년 옥스퍼드대학교, 1422년 에르푸르트대학교의 문학사 학위 취득 요건 중 하나이기도 했다. 이외에도 당시 주요 대학인 프라하대학교와 볼로냐대학교는《구》를 교과 과정의 필독서 목록에 포함시켰다.

콜럼버스 시대에 지구가 구형이라고 보는 세계관은 결코 특이하거나 논란의 여지가 있는 관점이 아니었다. 얄궂게도 스페인 궁정의 조언자들이 콜럼버스의 계획에 '반대'할 때 들었던 논거는 사실상 지구가 구형이라는 가정(과 중력의 작용 원리[22]에 대해 할 만한 오해)에 '의존'했다. 그 논거인즉 항해자는 고국에서 멀어질수록 경사가 점점 가팔라지는 내리막을 내려가게 된다는 것, 그래서 결국 아무리 바람이 세게 불어도 오르막을 거슬러 올라가 귀환하기가 불가능한 곳에 이를 수도 있다는 것이었다.

당시 지구와 바다가 얼마나 광막하고 험악해 보였을지 지금 가늠하기는 힘들다. 콜럼버스 같은 탐험가들이 의식하고 있던 어마어마한 규모와 엄청난 위험은 미지의 것에 대한 더욱더 큰 두려움과 뒤섞였다. 게다가 이들은 모두 입에 오르내릴 때마다 불어나는 소문 때문에 실제보다 크게 부풀려졌다. 당대의 대규모 사업 중 하나인 아프리카 서해안 탐험은 거의 한 세기 동안 계속되었다. 포르투갈인의 아프리카 해안 탐험에는 항해 전문가, 지도 제작자, 항해 계기 제작자, 조선업자 등이 동원됐다. 그 기간에 여러 세대의 선원, 항법사, 선장들은 항해 중에 기후의 변화, 태양과 별의 낯선 위치, 완전히 새로운 별자리의 출현을 직접 목격했는데, 이는 모두 지구 표면이 굽어 있었기 때문에 나타나는 현상이었다.

콜럼버스 시대의 사람들에게 진짜 문제가 된 것은 지구의 모양이 아니라 크기였는데, 이 문제는 정말 논란의 여지가 있었다. 아리스토텔레스 시대와 프톨레마이오스 시대 사이의 약 500년 동안 지구 크기에 대해 여러 가지 추정값이 나왔다. 그중에서 에라스토테네스의 추정값이 가장 진실에 가까웠다(물론 당시 쓰인 측정 단위를 지금 어떻게 해석하느냐에 따라 그 값을 참값보다 10퍼센트 정도 크게 추산한 것으로 볼 수도 있긴 하다). 프톨레마이오스는 《지리학》을 쓰면서 20퍼센트나 낮잡은 추정값을 선택했다. 15세기 무렵에는 프톨레마이오스가 지리학의 권위자로 정평이 나 있었기 때문에 그가 내놓은 지구 둘레 추정값(약 20,000마일[약 32,000킬로미터])이 널리 인정받고 있었다. 콜럼버스에게는 프톨레마이오스의 추정값이 서쪽으로 동양까지 항해할 수 있다는 자신의 주장을 뒷받침해 준다는 점에서도 매력적이었다. (콜럼버스는 이전에 아프리카로 항해하면서 자기 나름대로 몇 가지 측정을 해 보았는데, 그 결과는 대체로 프톨레마이오스의 추정값과 부합했다.) 프톨레마이오스는 지구 크기를 실제보다 작게 추정했을 뿐 아니라 아시아 크기를 실제보다 엄청나게 크게 추정하기도 했다. 그 결과로 제작된 지도에는 유럽 서쪽 끝과 아시아 동쪽 끝 사이의 광활한 바다가 당시 배에 실을 수 있는 양의 식량으로 충분히 건널 수 있는 거리였다.

1484년 포르투갈왕 후안 2세는 '수학국局Junta dos Matemáticos'[23]이라는 전문가 팀에게 탐험 항해 계획을 검토하고 각 계획의 실현 가능성에 대해 조언하는 일을 맡겼다. 그 팀의 구성원들은 지리학과 항해학에 조예가 깊었을 뿐 아니라 포르투갈인의 여러 탐험 항해 기록을 마음대로 열람할 수도 있었다. 바로 그들의 의견(나중에 일어난 일들로 타당성이 충분히 입증된 의견)에 따르면 콜럼버스는 아시아까지의 거리에 대한 자신의 추정값을 지나치게 확신하고 있었다.

포르투갈에서 퇴짜를 맞은 콜럼버스는 스페인으로 가서 자신의 탐험 계획을 설명했다. 일이 여러 차례 지연되긴 했지만 결국 스페인 왕실의 후원을 받아 냈다.

콜럼버스는 동양까지의 거리를 잘못 추산했을 뿐 아니라, 유럽과 아시아 사이에 다른 대륙이 없으리라는 잘못된 가정을 하기까지 했다. 첫 계산이 틀렸기 때문에(실제 거리는 선적한 식량으로 갈 수 있는 거리보다 훨씬 멀었다) 만약 둘째 계산이 맞았다면 그래서 망망대해를 가로지르게 됐다면 그는 필시 비명횡사하고 말았을 것이다. 천만다행으로 콜럼버스는 두 계산을 모두 잘못했는데, 이 경우에는 두 가지 잘못이 '바람직한' 대성공으로 이어지면서 크나큰 명성과 영광도 따랐다.

콜럼버스의 항해는 말 그대로 세계 지도를 바꿔 놓았다. 그런 항해 이전에 유럽의 지도 제작자들은 보통 세계를 큰 원이나 타원 모양으로 그렸다. 안쪽에 유럽, 아시아, 아프리카가 있고 그 주위를 바다가 둘러싸고 있는 형태였다. 콜럼버스는 지도의 왼쪽 가장자리와 오른쪽 가장자리를 지구상의 동일한 선으로 올바르게 해석했을 것이다. 다시 말해 지도의 왼쪽 끝 선 너머로 항해하면 지도의 오른쪽 끝 선 위로 항해하게 되는 셈이었다. 이는 마치 500년 후 비디오 게임 마니아들이 화면 왼쪽 끝에서 사라진 이미지가 오른쪽에 다시 나타나는 것을 보는 데 익숙해진 것과도 같았다.

서양 문명이 아메리카 대륙을 발견하면서, 세계를 두 반구(동

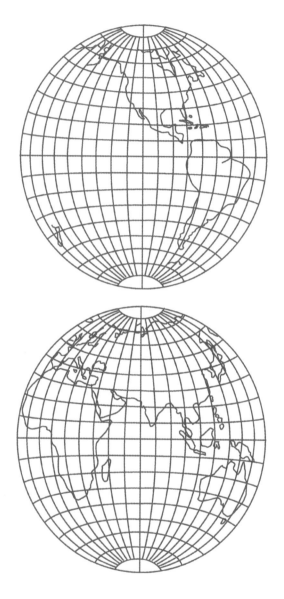

그림 9   서반구(위)와 동반구.

반구와 서반구)의 형태로 상상하고 각각을 한 원 안에 그리는 편이 더 낫게 되었다. 그런 지도에서 한 원 밖으로 항해하는 것은 곧 다른 원 안으로 항해하는 것과 같다. 지도를 만드는 이들이 유럽 중심적 관점을 취하다 보니 서반구는 '신세계'가 되고 그들의 동반구는 '구세계'가 되었다.

지구를 두 반구의 형태로 그리는 방식이 워낙 보편화되다 보니 그런 지도의 특징 가운데 알아차리기 어려워진 것이 몇 가지 있다. 첫째, 지구를 동반구와 서반구로 나눈 것은 순전히 임의적인 선택이다. 지도를 제작할 목적으로 지구를 이등분하는 방법은 수없이 많다. 더 자연스러운 이등분 방법 중 하나는 지구를 북반구와 남반구로 나누는 것이다. 사실 지구상의 어떤 대원大圓[구의 중심을 지나는 평면과 구면의 교선에 해당하는 원 ─ 옮긴이]이든 지구를 이등분하고 각 절반을 한 원의 내부로 묘사하는 데 쓰일 수 있다. 북반구와 남반구의 경우 둘의 공통 경계선은 적도다. 지구 표면의 각 점은 적도 북쪽에 있거나 적도 남쪽에 있거나 적도상에 있거나 셋 중 하나다. 그런 지도에서 적도 북쪽에 있는 점은 모두한 원 내부의 점으로 그려지고, 적도 남쪽의 점은 모두 다른 원내부의 점으로 그려진다. 정확히 적도상에 위치한 장소는 두 반구의 바깥쪽 가장자리를 나타내는 각 원둘레에 한 번씩 총 두 번그려진다. 예를 들면 포르투갈인들이 적도를 처음 지나며 거쳐간 아프리카 서해안 근처의 한 점은 북반구의 바깥쪽 가장자리에도 나오고 남반구의 바깥쪽 가장자리에도 나온다.

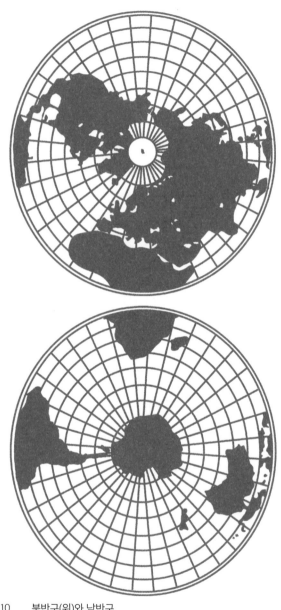

그림 10   북반구(위)와 남반구.

양반구 지도의 별로 바람직하지 않은 특징 중 하나는 지구상에서 서로 가까이 있는 특정 점들, 이를테면 적도 바로 위와 바로 아래의 점들이 지도상에선 전혀 가깝지 않을 수도 있다는 것이다. 하지만 이것은 누구도 극복할 수 없는 결점이다. '위상 기하학'이라는 현대 수학 분야를 이용하면, 지구 전체의 표면을 나타낸 지도는 '모두' 이런 결점이 있을 수밖에 없다는 것을 증명할 수 있다. 지구 전체를 종이 한 장에 그리면서 지구상의 인접점들이 언제나 지도상에서 서로 가까이 있게 하는 방법을 생각해 내기란 불가능하다.

하지만 이 결점은 지도 사용자, 항해자들에게 심각한 문제라기보다 작은 불편 사항에 불과하다. 더 중요한 문제 중 하나는 각 반구 안의 지형들을 어떻게 그려야 지도에서 거리와 방향을 정확히 읽어 낼 수 있을까 하는 것이다. 옛날 지도는 부정확하기로 악명 높았다. 지도의 바탕을 이루는 정보가 엉성하고 미덥지 못하다는 점은 문제의 일부일 뿐이었다. 더 근본적인 문제는 지구 표면의 경위도 측정값을 지도상의 해당 위치로 큰 왜곡 없이 옮기려면 어떻게 해야 하는가였다. 항해할 때는 믿을 만한 지도를 갖추는 일이 특히 중요했다. 항해자들이 유난히 중요시하는 요건이 두 가지 있다. 첫째, 지도상의 어떤 점에서든 정북향 항로는 모두 '똑바로 위'를 향해 그려져야 한다. 둘째, 모든 방위가 지도상에서 북쪽을 기준으로 정확하게 그려져야 한다.[24] 그래서 동서로 흐르는 강은 지도상에서 수평 방향으로 그려지고, 북동쪽으로 가는 길은 45° 각도로, 즉 수평 방향과 수직 방향의 중간 방향으로 그려져야 한다.

이 두 가지 특성을 띠는 지도를 '항해용 지도'라고 부르자. 그런 지도는 다른 특성도 몇 가지 더 띠기 마련이다. 항해용 지도는 위선이 수평선으로 그려지고, 각 위선을 따라 축척이 일정하다.[25] 바꿔 말하면 한 위선을 따라 같은 간격으로 위치한 세 점은 지도 상에서도 같은 간격으로 나타난다. 무엇보다 중요한 특성은 리스본에서 북아메리카 해안의 특정 지점까지 항해하려 할 때 지도 상의 두 해당 점을 직선으로 잇고 그 방향으로 항해 방향을 잡으면 정확한 항로를 알아낼 수 있다는 것이다.

실제로 이런 원칙에 따라 만들어진 최초의 지도는 1569년 플랑드르의 측지학자 헤라르트 데 크레머르Gerard de Kremer가 제작한 것이다. 크레머르가 '상인merchant'을 뜻하기에 그는 같은 뜻의 라틴어인 '메르카토르Mercator'로 통했다.

요즘은 메르카토르라는 이름이 그 특정 지도의 대명사가 되다시피 했다. 하지만 당대에는 메르카토르가 지도 제작으로만 유명한 것이 아니었다. 그의 명성과 대성공은 이탈리아 르네상스 시대 장인들의 오랜 전통과 맥락을 같이했다. 당시 그들이 만든 과학 기기는 예술품만큼 귀하게 여겨져 메디치가의 수집 대상이 되었다. 1541년 메르카토르는 자신이 제작한 지구본을 신성 로마 제국 황제 카를 5세에게 바치고 나서, 측량 기기를 한 벌 제작해 달라는 황제의 의뢰를 받게 되었다. 아름다우면서도 정밀한 기기

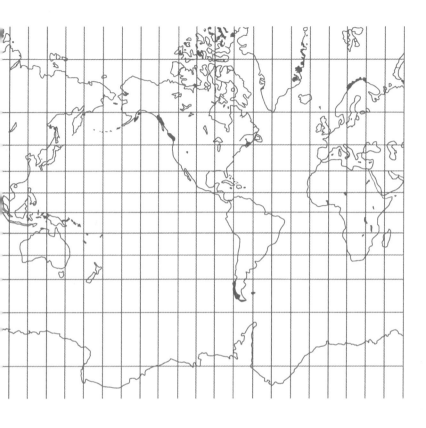

그림 11 　 메르카토르 투영법(도법)으로 그린 지도.

를 만들어 낸 메르카토르는 이후 제작 의뢰를 많이 받아 상당한 부와 명예를 얻었다. 하지만 그가 열정을 가장 많이 쏟은 일은 지도 제작인 듯하다. 그는 수년간 프톨레마이오스 《지리학》의 결정판을 만드는 데 공을 들였고, 유럽 최고의 지도 제작자로 널리 인정받았다.

그런 온갖 일이 후세에는 별 의미가 없었다. 후대 사람들은 메르카토르가 1569년에 그린 한 장짜리 지도, 지금 딱 한 부만 남아 있는 그 지도에만 관심을 기울였다. 게다가 메르카토르는 언어의 별난 속성 때문에 지도 제작 방식이 널리 잘못 알려지는 불상사를 당하기도 했다. 지도 제작자들은 '투영projection'이란 말을 관용적인 뜻이나 수학적인 뜻보다 훨씬 넓은 의미로 해석한다. 그 말을 수학적 의미로 이해하면, 작고 투명한 지구본의 표면에 온갖 지형이 적절히 그려져 있는 모습, 그리고 원통이 지구본을 둘러싸고서 적도를 따라 그 구체와 접하고 있는 모습을 상상하게 된다. 구체 중심에 전등을 설치하면 구면이 원통에 '투영'될 것이다. 다시 말해 각 대륙의 그림자가 원통에 드리워지며 각 자오선(경선)이 수직선으로 나타날 것이다. 원통을 그런 선 중 하나를 따라 자르고 평평하게 펼쳤을 때 나타나는 결과물은 메르카토르의 유명한 지도와 아주 비슷해 보일 텐데 실제로도 공통된 특징이 많을 것이다. 자오선이 수직선으로 나타나 있고, 위선이 수평선으로 투영돼 있고, 각 위선을 따라 축척이 일정할 것이다. 그러나 그것은 진짜 메르카토르 지도가 아니다. 북남과 동서

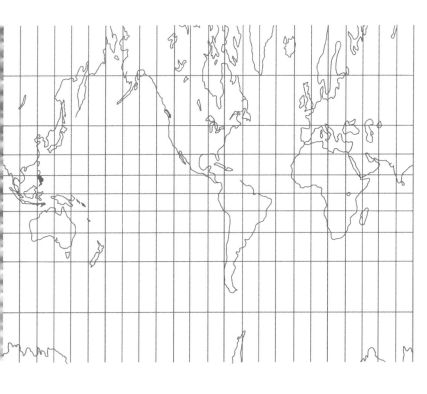

그림 12   원통 투영법으로 그린 지도. 메르카토르 투영법으로 그린 지도보다 양극 방향으로 훨씬 많이 왜곡되었다.

를 제외한 방위는 모두 잘못되어 있을 것이다.

　메르카토르 지도는 그런 단순한 투영법이나 작도법으로 만든 것이 아니다. 메르카토르는 그 지도를 만드는 원리[26]를 다음과 같이 설명했다.

　이 세계 지도를 만들면서 자오선과 위선을 새로운 비율로 새롭게 배열해야 했다. …… 우리는 극으로 갈수록 위선 간격이 적도에 대해 위선이 늘어난 정도에 비례하여 커지게 했다.

　바꿔 말하면 메르카토르는 방위가 제대로 표시되게 하려고 지도를 수직 방향으로 늘이되('극으로 갈수록 위선 간격이 커지게 했다'는 말의 의미) 수직 방향 연장 정도가 수평 방향 연장 정도와 같게 했다. 그런데 각 위선의 수평 연장 정도는 곧 적도 길이와 해당 위선 길이의 비율과 같다. 적도와 위선들은 모두 일정 길이의 수평선으로 나타나기 때문이다. 그 길이는 지도의 너비에 해당한다. 메르카토르는 이런 일반 지침을 따르며 과학과 미술을 병용해서 지도를 만들었다. 16세기 말이 되어서야 에드워드 라이트Edward Wright라는 수학자가 위도별 연장 정도를 명확히 공식화하고 그 공식을 이용해 좁은 간격의 위도와 메르카토르 지도상의 해당 위치를 표로 정리했다. 라이트의 표 덕분에 누구나 (기본 원리를 완전히 익히지 않고도) 지도를 작도할 수 있게 되었다. 하지만 라이트의 표로 만든 지도 또한 진짜 메르카토르 지도와 비슷한 것에 불과했다. 당시로서는 그것이 최선이었다. 메르카토르 도법 공식을 정확히 세우려면[27] 로그를 사용해야[28] 하는데 그때는 아직 로그가 발명되지 않았기 때문이다. 1668년에 가서야, 즉 메르카토르가 그 도법을 착상한 지 꼭 99년 만에야 수학자들은 적분법[29]이라는 새로운 방법을 응용해 정확한 메르카토르 도법 공식을 알아냈다. 그 공식을 이용하면 누구나(현대에는 어느 컴퓨터나) 메르카토르 지도를 얼마든지 정확하게 만들 수 있다.

메르카토르 지도의 가장 큰 단점은 적도에서 극으로 갈수록 지형이 많이 왜곡된다는 것이었다. 지도에서는 임의의 두 수직선(경선)의 간격이 위도와 상관없이 일정하지만, 실제 지구 표면에서는 해당 선들의 간격이 극에 가까워질수록 좁아진다. 그 결과로 북극이나 남극에 가까운 지역은 적도에 가까운 같은 크기의 지역보다 지도상에서 훨씬 커 보이게 된다.

메르카토르 지도의 바람직한 특성을 띠되 왜곡이 없는 지도를 얻을 수 있다면 더할 나위 없이 좋을 것이다. 하지만 (몇백 년 후에야 제대로 증명된) 기하학적 사실[30]에 따르면, 항해용 지도의 두 특성 — 북쪽이 수직 방향으로 정확히 그려지고 모든 방위가 북쪽을 기준으로 정확히 그려져 있다는 것 — 은 그 지도의 (전반적 축척을 제외한) 모든 것을 좌우한다. 그런 특성을 띠는 지도는 메르카토르 지도일 수밖에 없다. 우리는 바람직한 특성 가운데 하나(혹은 둘 다)를 포기하거나 왜곡을 받아들이거나 둘 중 하나를 선택해야 한다.

이것은 지구 전체를 나타내는 지도만의 문제가 아니다. 이 문제는 도시, 지방, 국가를 나타내는 지도에서도 어김없이 발생한다. 보통 그런 지도에는 지도 위 모든 점의 '북쪽'을 가리키는 화살표와 일정한 축척이 표시되어 있다. 예컨대 '1인치 = 1마일'이란 축척은 지도상의 거리 1인치를 지구상의 실제 거리로 환산하면 1마일이 된다는 뜻이다. 하지만 지도 위 모든 점의 북쪽도 일정하고 축척도 일정한 지도는 있을 수가 없다. 그런 지도는 모든 방위가 정확히 그려져 있기 마련이니 메르카토르 지도일 수밖에 없을 것이다. 하지만 그러면서 축척도 일정하기란 불가능하다. 메르카토르 지도의 축척은 수평선별로 다 다르기 때문이다. 도시 지도에서 축척도 일정하고 북쪽도 일정하다고 '주장'할 수 있는 이유는 (적어도 극에서 멀리 떨어진) 비교적 좁은 지역의 경우 메르카토르 지도상의 축척 변화가 무시해도 될 만큼 작기 때문이다.

축척도 일정하고 북쪽도 일정한 지도가 있을 수 없으니 누군가는 보통 양반구 지도에서처럼 점마다 북쪽이 다르게 만들면 축척이 일정한 세계 지도를 만들 수 있지 않을까 하고 생각할 수도 있겠다. 다시 말해 왜곡이 없는 지도가 있기는 할까? 지도 제작자들은 수세기에 걸쳐 노력해서 이 문제의 기발한 부분적 해결책 몇 가지를 얻기는 했지만 줄곧 좌절에 좌절을 거듭했다. 그들은 마치 보기 흉한 치약 튜브와 씨름하는 것 같았다. 한 부분을 꾹 누르면 언제나 다른 부분이 불룩 튀어나왔다. 이 문제는 18세기 중엽에 가서야 해결됐는데 그 주인공은 당대 최고의 수

그림 13　　레온하르트 오일러의 초상화. 1756년 에마누엘 한트만Emanuel Handmann이 그린 그림. (University of Basel, Museum of Natural Science)

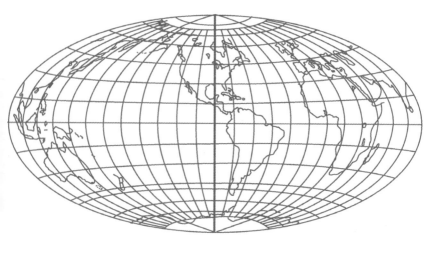

그림 14　하머 도법Hammer projection으로 그린 지도. 지구 표면을 그리는 새롭고 더 나은 방법을 찾던 지도 제작자들이 내놓은 방안 중 하나다. 이 도법은 1892년 에른스트 하머Ernst Hammer가 고안한 후 지금까지 널리 쓰여 왔다.

학자 레온하르트 오일러Leonhard Euler였다.

　　오일러의 수학적 관심사는 아주 순수한 이론 연구에서 아주 실질적인 응용문제에 이르기까지 다양했다. 지도 제작자들의 난제에 흥미를 느낀 그는 그들이 성취하려 애써 온 일이 사실상 불가능함을 확실히 증명했다. 지구 표면을 평평한 종이 위로 옮겨 지도를 만들었을 때 축척이 일정한 경우는 존재하지 않는다. 사실상 지도는 모두 절충안이다.[31]

　　오일러의 증명이 보여 주듯, 완벽한 지도는 결코 있을 수 없다. 지도 제작자들의 과제는 전반적 왜곡을 최소화하거나 특정

그림 15 　샌프란시스코를 기준으로 그린 자기중심적 지도. 이 지도를 보면,
샌프란시스코에서 사우디아라비아의 리야드까지 똑바로 비행할 경우 모스크바와
바그다드의 상공을 지나게 된다는 것을 한눈에 알 수 있다. (그리고
샌프란시스코에서 볼 때 리우데자네이루가 부에노스아이레스보다는 멀고
홍콩보다는 아주 조금 가깝다는 사실도 확인할 수 있다.)
　　샌프란시스코의 대척점이 인도양의 마다가스카르 앞바다에 있다 보니,
지도의 원형 테두리는 대척점을 둘러싼 인도양의 작은 일부에 해당하고,
마다가스카르는 지도상에서 북아메리카와 엇비슷한 길이로 늘어나 있다.

목적에 부합하는 새로운 도법을 고안하는 일이다. 그들은 그야말로 수백 가지 도법을 내놓았는데, 그중에서 몇십 가지가 지금 널리 쓰인다.[32] 예를 들면 20세기에는 항해가 항공으로 점차 대체되면서 '항해도형' 지도의 중요도가 떨어졌다. 기이하게도 항공에 훨씬 유용한 도법 중 하나는 메르카토르 도법보다 한참 이전에 발명된 방법이다. 그 방법은 1000년경 알비루니가 내놓은 것인데, 그것을 지도 제작자들은 '정거 방위 도법azimuthal equidistant'[33]이라 부르고 수학자들은 '지수 사상exponential'이라 부른다. 더 나은 이름 가운데 하나는 '자기중심적 도법'일 것이다. 그런 지도를 그리려면, 자기가 사는 곳이나 그 밖의 좋아하는 곳을 중심점으로 삼은 다음 그곳이 나머지 세계에 둘러싸인 형태로 지표면을 묘사하면 된다. 단, 중심점에서 지구 위 다른 모든 점까지의 거리를 일정 비율로 축소해서 그리고, 중심점을 기준으로 모든 방위를 정확히 나타내야 한다. 이 두 가지 특성은 축척과 함께 그 지도의 모든 것을 좌우한다. 그런 지도의 기본 기능은 중심점의 주변 지역을 꽤 정확하게 보여 주고 중심점에서 지구 위 다른 모든 점까지의 거리를 빨리 구할 수 있게 해 주는 것이다. 실거리를 구할 때는 그냥 지도상의 거리를 잰 다음 그 값에 축척의 역수를 곱하기만 하면 된다. 그뿐 아니라 지도에서 중심점과 임의의 다른 점을 직선으로 이으면 중심점에서 그 다른 점까지 똑바로 비행할 때 어떤 도시, 국가, 지형지물을 지나게 될지도 즉각 확인할 수 있다.

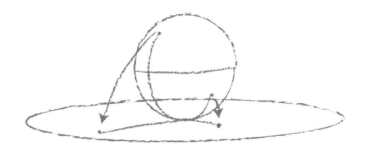

그림 16 　자기 거주지를 기준으로 자기중심적 지도를 작도하는 법. 지구본을 넓찍한 종이 위에 올려놓고 지구본상의 자기 거주지가 종이와 닿게 한다. 지구상의 특정 점에 대응하는 지도상의 점을 정확히 찾으려면, 지구본과 종이의 접점(자기 거주지)에서부터 지구본상의 해당 점까지 끈을 쭉 당겨 갖다 댄 다음, 그 끈을 똑바로 아래로 내려 종이에 갖다 대면 된다.

　　오일러의 증명이 말해 주듯, 자기중심적 지도는 중심점과 관련해 이런 매력적인 특징을 띠는 대가로 나머지 세계가 왜곡될 수밖에 없다. 게다가 중심에서 먼 곳일수록 더 많이 왜곡되어 나타난다. 그 이유인즉 지도상에서 중심점을 둘러싼 각각의 원은 지구상에서 중심점에서 특정 거리만큼 떨어진 점들이 이루는 원에 해당하기 때문이다. 그런 거리가 지구 둘레의 절반에 가까워지면, 지도상의 원은 중심점에서 멀어지는 만큼 커지지만, 지구상의 해당 원은 작아지며 대척점으로 수렴해 간다. 대척점이란 중심점에서부터 지구를 정확히 반 바퀴 돌았을 때 이르는 점을 말한다. 왜곡은 대척점에서 가장 심하다. 대척점은 지도에서 하나의 점으로 나타나지 않고 한껏 늘어나 완전한 원, 즉 지도의 테두리를 이룬다. 실제로 지구상의 어떤 점에서 출발해 어떤 방향으로 나아가든 일정 거리를 가고 나면(지구 반 바퀴를 돌고 나면) 대척점에 이를 수밖에 없다.

알비루니는 자신이 창안한 세계 지도 작도법이 훗날(수세기 후) 새로운 방식의 항행航行에 매우 유용해지리라고는 거의 생각지 못했다. 그러니 자신의 도법이 훗날 우주 전체를 보고 이해하는 데 안성맞춤인 방법이 되리라고는 꿈에도 생각지 못했을 것이다. 하지만 그 이해에 이르는 최선의 경로는 직행로가 아니다. 우리는 도중에 몇 번 옆길로 빠져 '곡률'이란 핵심 개념을 살펴본 후라야 목적지에 닿을 수 있을 것이다.

3장

우리가 사는 세계

명쾌한 증명은
글의 형식만 다를 뿐
한 편의 시와 같다.

_ 모리스 클라인Morris Kline
(수학자, 《수학, 문명을 지배하다Mathematics in Western Culture》)

카를 프리드리히 가우스Carl Fridrich Gauss와 루트 비히 판 베토벤Ludwig van Beethoven[34]은 평행한 삶을 살았다. 7년도 채 안 되는 사이에 200킬로미터도 채 떨어지지 않은 곳에서 태어난 그들은 각자의 분야인 수학계와 음악계에서 최고 반열에 올랐다. 아마도 두 사람은 서로 평행을 이루는 사이답게 한 번도 만난 적이 없을 것이다. 그들은 둘다 당대인과 후대인 사이에서 초인 같다는 이미지를 얻었다. 가우스는 생전에 '최고 수학자princeps mathematicorum'[35]란 거의 공식적인 칭호를 받기도 했다.

가우스의 탁월한 업적은 결코 수학에만 국한되지 않았다. 그는 아마 마지막 만능 대과학자였을 것이다. 아이작 뉴턴Issac Newton처럼 가우스는 순수·응용 수학 전반의 발전은 물론 물리학과 천문학의 발전에도 크게 이바지했다.

물리학 분야에서 가우스는 수년간 전자기 연구에 힘을 쏟았다. 그는 여러 가지 이론적 성과를 거두었을 뿐 아니라, 지구 자기장의 세기를 알아내려고 다양한 실험을 수행하기도 했다. 그런 목적을 달성하려고 가우스는 자기장 측정용 절대 척도를 개발했다. 그 결과로 지금 자기장 세기의 표준 단위는 '가우스'라고 불린다. 전자기학 응용의 일환으로 가우스는 물리학자 빌헬름 베버Wilhelm Weber와 함께 전신기[36]를 발명했는데, 그들은 1830년대에 그 기계를 이용해 1.6킬로미터쯤 떨어진 괴팅겐대학교 연구소와 천문대에서 연락을 주고받았다. (새뮤얼 모스Samuel Morse가 전신기 특허

그림 17　서른 살 무렵의 카를 프리드리히 가우스와 루트비히 판 베토벤.
(Gauss: Universitäts-Sternwarte Göttingen, Beethoven: Beethoven-Haus Bonn, H. C.
Bodmer Collection)

를 따낸 것은 1840년이었다.)

　　천문학은 가우스가 세계적 명성을 처음 얻은 분야였다. 왜행성 케레스는 1801년 1월 1일 밤에 이탈리아 천문학자 주세페 피아치Giuseppe Piazzi가 최초로 발견했다. 피아치는 그때부터 밤마다 케레스의 운동을 관찰했는데, 2월 초가 되자 태양 주위를 돌던 그 모습이 사라져 버렸다. 당시 스물네 살이던 가우스는, 피아치의 관측 자료를 바탕으로 케레스가 그해 말에 어디서 다시 나타날지 계산하는 여러 과학자 중 한 명이었다. 가우스가 내놓은 예측은 놀랍도록 정확히 들어맞았다. 그의 예측 덕분에 사람들은

그림 18　확률론과 통계학에서 아주 많이 쓰이는 '종 모양 곡선' 혹은 '가우스 분포 곡선.'

다시 나타난 케레스를 때맞춰 관찰할 수 있었다. 그 과정에서 가우스는 새로운 확률론·통계학적 방법을 몇 가지 개발했는데, 그중 하나인 유명한 '종 모양 곡선'(이른바 '오차 곡선'[37] 혹은 '가우스 분포 곡선')에 대한 이론은 지금 온갖 데이터의 분석에서 매우 중요한 역할을 한다.

　그렇게 천문학 연구에 손댄 가우스는 그 분야에 점점 더 깊이 빠져들었다. 그는 천문학의 이론적 측면뿐 아니라 천체 관측과 망원경 제작에도 흥미를 느꼈다. 천문학자로서 명성이 높아지다 보니 스물아홉 살 때 괴팅겐대학교 천문대장직을 제안받기도 했다. 가우스는 제안을 받아들이고 1807년 괴팅겐으로 이주해 그곳에서 남은 생애를 보냈다.

　가우스는 중년기의 상당 부분 동안 초년기의 천문학 연구나 말년기의 전자기학 연구보다 훨씬 덜 매력적인 연구에 힘을 기울였다. 그래도 가우스가 관여한 그 연구는 장차 여러 분야에 더욱더 광범위하게 영향을 미칠 터였다. 1818년 가우스는 하노버 왕국 전역을 측량하는 대규모 사업을 책임지기로 했다. 언제나처럼 가우스는 그 사업의 실제적 측면과 이론적 측면 둘 다에 똑같이 열의를 품고 일을 시작했다. 그는 현장에 나가 직접 측량을 감독하며 작업에 참여하고, 연구실에 가서 새로운 데이터 처리·해석법을 궁리했다.

가우스가 과학계에서 정말 독보적인 인물로 여겨지며 심지어 오일러 같은 다른 천재들과 비교해도 돋보이는 까닭은 대상의 표면 아래를 꿰뚫어 보는 능력, 현상 이면의 깊은 이치를 밝혀내는 능력 때문이다.

가우스의 그런 본성은, 수학자들이 즐겨 이야기하고 가우스 자신도 말년에 즐겨 이야기했던 어릴 적 일화에 드러나 있다. 그것은 그가 초등학교 때 거둔 어떤 쾌거에 대한 이야기다. 선생님이 아이들에게 1부터 100까지 모두[38] 더해 보라고 시켰을 때였다. 가우스는 곧바로 답을 쓱쓱 적었다. 5050. 그리고 친구들이 열심히 계산하는 동안 가만히 앉아 있었다. 가우스는 첫째 수와 마지막 수, 둘째 수와 끝에서 둘째 수 등등을 짝지으면 각 쌍의 합이 101이 된다는 사실을 알아차렸다. 1부터 100까지의 수에는 그런 쌍이 50쌍 있으므로 총합은 101 곱하기 50, 즉 5050이다.

이 일화의 매력은 어디에 있을까? 무엇보다도 기발한 재치가 (선생님이 시킨) 지루하고 고된 일을 이겼다는 데 있다. 그리고 수학자들이 말하는 '명쾌한' 해법의 전형을 보여 준다는 데도 있다.

$$1 + 2 + 3 + \cdots\cdots + 49 + 50 + 51 + 52 + \cdots\cdots + 98 + 99 + 100$$

$$
\begin{array}{c}
101 \\
101 \\
\vdots \\
101 \\
101 \\
101 \\
50 \times 101 = 5050
\end{array}
$$

그림 19   1부터 100까지의 수를 짝짓기.

이 이야기를 보면, 여느 분야와 마찬가지로 수학에서는 해답 자체뿐 아니라 해답을 얻는 방법도 매우 중요하다는 점을 분명히 알 수 있다. (옛날 노래에도 이런 구절이 나온다. "중요한 건 뭘 하느냐가 아니라 어떻게 하느냐야. 바로 거기에 보람이 따르는 거야.")[39] 셜록 홈스가 미궁에 빠진 사건을 해결할 때 우리가 그 이야기에 사로잡히는 것은 그가 사건을 해결한다는 '사실' 때문이기도 하지만 그가 사건을 해결하는 '방법' 때문이기도 하다. 수학에서도 마찬가지다. 1부터 100까지 더해서 답을 얻는 일은 누구나 할 수 있다. 가우스는 그 수들을 일일이 더하지 '않고도' 답을 얻어 냈다.

이 이야기가 말해 주는 또 한 가지는 문제를 깊이 이해하면 답을 빨리 얻을 수 있을 뿐 아니라 답이 특정 형태를 취하는 이유를 설명할 수도 있다는 점이다. 해당 수들을 일일이 더하면, 5050이란 정확한 값은 얻을 수 있을지 몰라도, 이를테면 답의 끝

자리가 0인 이유에 대한 실마리는 전혀 잡을 수가 없다. 근본적
이유(1부터 100까지의 총합은 항 개수의 절반[50쌍]에 첫항과 끝항의 합을 곱한 값
과 같다는 것)를 알면, 이 특정 문제를 훨씬 깊이 꿰뚫어 볼 수 있고,
비슷한 패턴을 따르는 일반 문제 전반[40]에 같은 원리를 적용할 수
도 있다. (예컨대 연속된 자연수 20개의 총합은 끝자리가 0일 수밖에 없는데, 이는
그 수들을 적당히 짝지어 10쌍을 만들면 각 쌍의 합이 일정한 값이 되게 할 수 있기
때문이다.)

　　가우스가 수행한 대규모 토지 측량은 여러 수를 잇달아 더
하는 일과 공통점이 있다. 비교적 단순하고, 지루하고, 시간이 많
이 걸리며, 실수를 범하기 쉽다는 점이다. 그 작업은 연속된 수들
을 차례차례 더하는 일보다 임의의 수들을 더하는 일에 더 가깝
다. 소요 시간을 단축할 지름길이 전혀 없기 때문이다. 하지만 이
번에도 가우스는 머리를 쓸 필요가 없는 듯한 일을 발판으로 삼
아, 후대에 지대한 영향을 미칠 추론을 해냈다.

　　가우스의 아이디어를 이해하려면 '측지학'을 좀 더 자세히 알
아볼 필요가 있다. 측지학은 대규모 측량의 기초 이론을 연구하
는 학문이다. 측지 측량에 쓰이는 기본적인 방법은 '삼각 측량'이
라는 것이다. 먼저 지형지물을 얼마간 선정한 다음 지형지물 간의
거리를 하나하나 신중하게 측정한다. 그러다 보면 측량 대상 지역
을 삼각망, 즉 변 길이와 내각을 최대한 정확히 잰 삼각형들이 이
루는 그물 모양의 구조로 뒤덮게 된다. 그런 자료를 이용하면 다
른 치수, 이를테면 서로 멀리 떨어진 두 지형지물 간의 '직선거리'

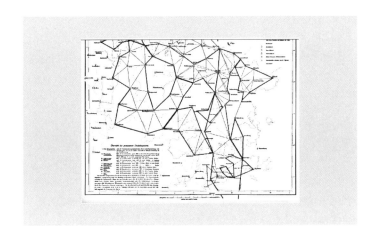

그림 20　가우스의 삼각 측량. 남쪽의 괴팅겐 근처에서 북쪽의 함부르크에 이르고 동서로도 비슷한 거리에 걸쳐 있는 지역의 삼각 측량 결과도. 이것은 1821~1838년 가우스가 측지 측량을 수행해 작성한 결과도다.

같은 값을 추산할 수도 있다. 하지만 삼각형들이 서로 어떻게 맞물리는가 하는 것은 지구의 크기와 모양에 달려 있다. 지구가 평평하다면 유클리드 기하학의 기본 공식을 적용할 수 있을 것이다. 지구가 완벽한 구형이라면 '구면 기하학'(구면 위의 도형을 연구하는 기하학)을 이용할 수 있을 것이다. 하지만 사실 지구는 평평하지도 않고 완벽한 구형도 아니다. 지구는 산과 계곡 때문에 표면이 울퉁불퉁하기도 하지만 자전 운동 때문에 전체적으로 구형에서 상당히 벗어나 있다. 실제로 뉴턴은 지구가 약간 넓적한 타원체일 것이라고, 즉 적도 쪽은 조금 불룩하고 극지방은 비교적 반반한 모

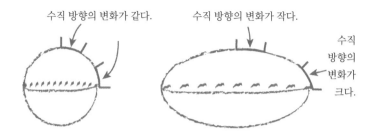

수직 방향의 변화가 같다.　　　수직 방향의 변화가 작다.

수직
방향의
변화가
크다.

그림 21　　지구가 타원체라는 사실이 지리학·천문학적 측정값에 미치는 영향. 구형 지구에서는 관측자가 북쪽으로 특정 거리만큼 갈 때 수직 방향이 변화하는 정도가 출발점 위치와 상관없이 일정하다. 타원체형 지구에서는 비교적 반반한 극지방에서 북상하는 경우 많이 굽은 적도 지방에서 북상하는 경우보다 수직 방향의 변화 정도가 덜하다. (이 그림에서는 타원체의 넓적한 정도가 과장되어 있지만, 실제 지구에도 같은 원리가 적용된다.)

양일 것이라고 판단했다. 그는 행성의 운동을 추론할 때 썼던 것과 같은 방정식('뉴턴의 법칙')을 이용해 불룩한 적도 부분[41]의 크기를 계산해 냈다. (후대에 측량으로 확인한바 뉴턴의 예측은 옳았다. 측량 결과에 따르면, 지구에서 적도를 따라 한 바퀴 돈 길이는 40,076킬로미터인데, 양극을 지나 한 바퀴 돈 길이는 40,008킬로미터밖에 안 된다.)

　지구가 타원체라는 사실에 따르는 결과 중 하나는 에라스토테네스가 내놓은 것과 같은 지구 크기 측정값들의 오차가 커진다는 것이다. 타원체의 표면에서는 '똑바로 위'란 방향이 균일하게 변화하지 않는다. 예를 들어 관측자가 정북으로 800킬로미터를 이동해 북극성의 고도 변화를 측정한다면 그 결과는 출발점 위치에 따라 달라질 것이다. 적도 지방에서는 극지방에서보다 고도가 많이 변할 것이다. 사실 이와 같은 관찰과 측정을 치밀히 하면 그 결과를 이용해 지구의 모양을 알아낼 수도 있다. 그리고 지구 전체 모양에 대한 지식은 측지 측량 데이터를 제대로 해석하는 데 매우 중요하다. 가우스의 측지학 연구 업적 중 하나는 바로 그런 목적을 이루는 데 필요한 수학적 도구를 완성한 것이었다. 하지만 가우스가 더욱더 깊은 통찰을 얻은 것은 문제를 뒤집어 본 덕분이었다. 그의 의문은 지구 모양이 측량 결과에 어떤 영향을 미치는가가 아니라 측량 결과를 이용해 지구 모양을 알아낼 수 있는가였다. 가령 지구의 기후가 지금과 좀 달라서 금성처럼 하늘이 언제나 구름으로 뒤덮여 있다고 해 보자. 그러면 태양과 별, 월식을 이용해서 지구 모양을 알아내진 못할 것이다. 그렇다면 지표면에서 측지 측량 같은 측정을 수행하기만 해서 지구가 둥근지 평평한지, 구형인지 타원체형인지 알아낼 수 있을까?

가우스는 '알아낼 수 있다'고 생각했다. 물론 지구 모양을 완전히 알아낼 수는 없지만 우리는 거기서 의외로 꽤 많은 것을 추론해 낼 수 있다. 예컨대 지표면에 대한 그런 측정값만으로도 지구가 평평하지 않으며 구형이 아니라 타원체라는 점을 쉽게 확증할 수 있다.

왜 그런지 이해하기 위해, 대규모 과수원을 조성하는 과정을 상상해 보자. 우선 긴 밧줄에 일정 간격으로 매듭을 지어 최적의 나무 간격을 표시한다. 그 밧줄을 땅 위에 치고 팽팽히 잡아당겨 최대한 곧게 만들어 놓은 다음 매듭이 있는 곳마다 나무를 한

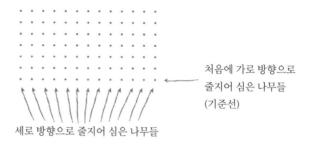

세로 방향으로 줄지어 심은 나무들

그림 22   평면 위의 '과수원.'

그루씩 심는다. 나무 줄을 밧줄의 끝 너머로 연장하고 싶은 경우에는 밧줄을 원래와 같은 방향으로 몇 마디 옮겨서 쳐 놓고 같은 선을 따라 같은 간격으로 나무를 원하는 만큼 더 많이 심으면 된다. 그다음에는 나무를 세로 방향으로 줄지어 심어야 할 것이다. 첫 가로줄의 각 나무에서부터 밧줄을 그 첫 줄에 수직인 방향으로 쳐 놓고 마찬가지로 매듭이 있는 곳마다 나무를 한 그루씩 심는다. 첫 가로줄의 나무들이 수평선상에 있고 세로줄들이 각각 수직선을 이루는 그림을 간략히 그려 보면, 여러 가로줄이 첫 가로줄과 평행하게 늘어선 듯한 모습이 나타날 것이다. (과수원을 도보나 자동차로 지나가 본 사람은 아마 나무들이 대각선 방향으로 줄줄이 늘어선 모습, 마치 나무를 그런 방향으로도 똑바로 줄지어 심어 놓은 듯한 모습을 보고 감탄한 적이 있을 것이다.) 지구가 정말 평평하다면 유클리드 평면 기하학이 꼭 들어맞을 것이다. 가로줄들이 기준선과 평행한 직선 위에 있

76

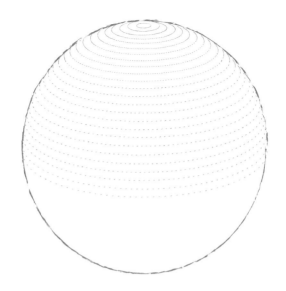

그림 23　구면 위의 '과수원.' 곡률이 양수다.

는 것은 물론이고, 그런 각 가로줄의 나무들 또한 첫 가로줄에서
와 '똑같은' 일정 간격으로 심어져 있을 것이다. 사실인즉 지구의
비교적 작은 부분은 평평한 모양에 아주 가까우므로(애초에 유클리
드 기하학 생겨난 이유도 바로 이런 사실 때문이다) 각 가로줄의 나무 간격은
기준선의 나무 간격에 아주 가깝다. 그리고 그 실질적 결과로 농
부들은 세로줄 간격이 일정하다는 전제하에 세로줄 사이를 오가
도록 특별히 고안된 기계를 사용할 수 있다.

　　그런데 지면이 평평하지 않다는 것을 쉽게 알아차릴 수 있을
만큼 큰 과수원이 있다면 어떨까? 가령 첫 가로줄의 나무들이 적

도상에 있고 농장이 정말 커서 동서로 경도 몇 도[42]에 걸쳐 뻗어 있다고 해 보자. 그러면 세로줄의 나무들은 같은 간격의 자오선을 따라 심어질 것이다. 그 결과로 나타나는 여러 가로줄을 누군가가 북쪽으로 이동하면서 살펴보면, 처음에는 나무들이 적도상의 첫 가로줄에서와 같은 간격으로 심어져 있는 듯이 보일 것이다. 하지만 농장이 충분히 크다면, 자오선이 극에 가까워질수록 촘촘해진다는 사실이 나무 간격에 현저한 영향을 미칠 것이다.

　적도와 극 사이의 자오선 간격 변화(우리가 방금 상상한 초대규모 과수원의 경우라면 가로줄별 나무 간격의 변화)를 나타내는 공식을 세우기 위해 지리학자들은 유클리드 평면 기하학을 '구면 기하학'이라는 새로운 고급 수학 분야로 대체해야 했다. 하지만 그 새로운 공식 역시 어느 정도만 정확했다. 지구는 매끈한 구체가 아니라 울퉁불퉁한 타원체이기 때문이다. 가우스의 업적은 평면, 구면, 타원체면 할 것 없이 그야말로 '모든' 표면에 적용할 수 있는 몇 가지 공식이었다. 그 공식을 대규모 과수원의 경우에 적용하면, 가로줄별 나무 간격의 점진적 변화를 식목·측량 대상 지역 내의 각 점에 부여되는 이른바 '가우스 곡률'[43] 혹은 그냥 '곡률'이라는 값과 관련지을 수 있다. 기준선(위 예에서는 적도)에서 멀어질수록 가로줄별 나무 간격이 좁아지는 현상은 지구 표면의 곡률이 어느 점에서나 양수라는 사실에 따르는 직접적 결과다. 가우스가 내놓은 양함수[44] 형태의 공식에 따르면 곡률이 클수록 나무 간격이 빨리 좁아진다.

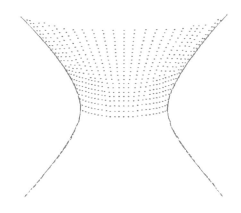

그림 24 쌍곡면 위의 '과수원.' 곡률이 음수다.

가우스의 공식은 곡률이 음수인 경우에도 적용된다. 그런 경우에는 기준선에서 멀어질수록 나무 간격이 '증가'한다. 가령 우리가 모래시계 모양의 소행성을 식민지로 만들고 '그곳의' 적도를 따라 농장을 조성한다면 그런 현상이 나타날 것이다. 여기서도 마찬가지로 곡률의 절댓값이 클수록 나무 간격이 빨리 증가할 것이다. 반반한 평면에서처럼 곡률이 0인 경우에만 나무 간격이 일정하게 유지될 것이다.

가우스 곡률은 표면의 모양을 연구할 때뿐 아니라 나중에 우주를 이해하고 묘사하려 할 때도 매우 중대한 역할을 했으므로, 우리는 그 개념을 몇몇 다른 관점에서 좀 더 자세히 살펴볼 필요가 있다.

가우스 곡률이라는 개념을 처음 접한 사람들이 열이면 열 다

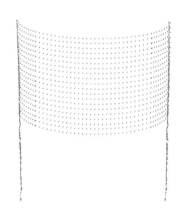

그림 25 　원기둥면 위의 '과수원.' 곡률이 0이다.

혼란스러워하는 점이 하나 있다. 원기둥면 같은 표면은 분명히 굽어 보이지만 (가우스가 정의한 바에 따르면) 곡률이 '0'이다. 그 이유인즉 '표면을 따라' 뭔가를 측정해 가지고는 암만해도 원기둥면의 일부와 평면의 일부를 구별할 수가 없기 때문이다. 평면 직사각형을 둥글게 말기만 하면 어느 부분을 늘이거나 일그러뜨리지 않고도 원기둥을 만들 수 있다. 표면을 측량해서는 절대 차이를 밝힐 수 없다(원기둥 둘레를 빙 돌아 출발점으로 돌아오게 될 만큼 멀리 간다면 또 모르지만). 아까처럼 과수원을 조성하는 경우 먼저 나무를 '허리' 둘레에 빙 둘러 심은 다음 가로줄을 여럿 만들면 나무 간격이 일정하게 유지될 텐데, 이는 곡률이 0이라는 명백한 징후다.

　측지 측량을 수행할 때 거치게 되는 실제 측정 과정을 좀 더 자세히 살펴보자. 그 과정에서 가장 중요한 것은 흔히 '까마귀가 날아가는 (길과 같은) 거리[45]라고 부르는 개념이다. 까마귀는 어떻게 날아갈까? 이 표현 속의 '까마귀'는 오른쪽이나 왼쪽으로 방향을 틀지 않고 언제나 곧장 앞으로만 나아간다. 어떤 표면 위의 그런 경로(까마귀 비행경로 혹은 '직진 경로')를 통틀어 '측지선geodesic'[46]이라고 부른다. 평면 위에서는 직선이, 구면 위에서는 적도와 자오선 같은 대원의 일부(호)가 측지선에 해당한다. 아까 과수원에서 첫 가로줄의 나무를 심기 전에 밧줄을 최대한 팽팽히 친 것은 지면을 따라 측지선을 만들기 위해서였다. 평면 위 두 점 사이의 최단 경로가 직선이고 구면 위 두 점 사이의 최단 경로가 대원의 일부이듯, 일반적으로 임의의 표면 위의 두 점을 잇는 가장 짧은 경로는 '까마귀의 비행경로와 같은' 측지선이다.

앞서 측지 측량의 기본 방법을 '삼각 측량'이라고 소개했을 때 '삼각형'이란 말의 의미를 명확히 밝히진 않았다. 평면 위의 일반 삼각형은 '꼭짓점'이란 점 세 개와, 꼭짓점을 둘씩 잇는 선분인 변 세 개로 이루어진다. 구면 위의 '삼각형', 즉 이른바 '구면 삼각형'은 세 꼭짓점이 쌍쌍이 대원의 호로 연결된 형태다. 지구 표면 같은 타원체면 혹은 그 밖의 모든 표면 위의 '삼각형'은 마찬가지로 '꼭짓점'이라 불리는 점 세 개가 '변'이라 불리는 측지선으로 연결된 도형을 의미한다고 보면 된다. (그런 도형의 공식 명칭은 '측지삼각형'이다.)

평면 삼각형의 기본 속성 중 하나는 세 내각의 합이 어떤 경우든 180°로 일정하다는 것이다. 구면 삼각형은 내각의 합이 언

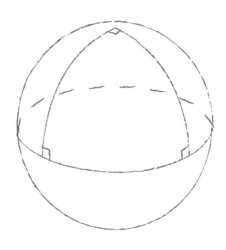

그림 26 구면 위의 삼직각 삼각형.

제나 180°보다 '클' 뿐 아니라 삼각형 크기에 따라 달라지기까지
한다. 작은 삼각형은 내각의 합이 180°보다 조금만 클 뿐이지만,
어떤 '큰' 정삼각형은 세 내각이 모두 직각이다. 일례는 적도의 4
분의 1을 한 변으로 삼고 그 양 끝을 자오선으로 북극과 이었을
때 나타나는 도형이다.

　가령 지구가 완벽한 구형인데 우리가 별이나 태양 같은 외부
천체를 이용하지 않고 지구 크기를 알아내고자 한다고 해 보자.
밝혀진 바에 따르면, 구면 삼각형 중에서 세 내각이 모두 직각일
만큼 큰 정삼각형은 각 변이 대원의 4분의 1인 삼각형'뿐'이다. 그
렇다면 지구 전체 둘레(에라토스테네스가 계산한 값)는 그런 삼각형의
한 변 길이에 4를 곱하기만 하면 알 수 있다. 이것은 구면에서 측

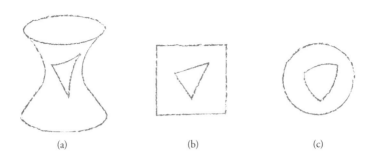

그림 27　　　세 가지 표면 위의 삼각형: (a) 곡률이 음수인 표면, (b) 곡률이 0인 표면, (c) 곡률이 양수인 표면.

정한 값만으로 구의 크기를 알아내려면 어떻게 해야 하는가 하는 문제에 대한 이론적 해답이다. 실제로는 훨씬 작은 삼각형과 좀 더 복잡한 공식[47]을 이용해서 구의 크기를 알아낼 수 있다. 가우스가 해낸 것은 '임의의' 표면 위 측지삼각형의 내각 합을 구하는 공식을 세우는 일이었다. 그 공식의 요지[48]는 내각의 합이 두 가지 요인에 따라 결정된다는 것이다. 하나는 삼각형의 크기이고, 나머지 하나는 삼각형 내부 각 점에서의 곡률이다. 평면 삼각형에서처럼 가우스 곡률이 0인 경우에는 내각의 합이 삼각형 크기와 상관없이 180°다. 곡률이 양수면 내각 합이 180°보다 크고, 곡률이 음수면 내각 합이 180°보다 작다. 가우스의 공식을 이용하면, 삼각형 크기와 곡률을 알 때 내각의 합을 추정할 수 있을 뿐 아니라, 측지삼각형의 내각을 치밀히 측정했을 때 역으로 곡률을 추산하고 그 값으로 지구 단면의 타원율을 추산할 수도 있다.

가우스는 지금 그의 이름이 붙어 있는 곡률의 개념을 창안하지 않았다. 이전의 다른 수학자들도 그 값을 연구했다. 가우스가 발견한 중요한 사실(그 개념에 그의 이름을 붙여도 좋을 만큼 중요한 사실)은 이 곡률이 측지 측량으로, 즉 표면 측정만으로[49] 구할 수 있는 값 중 하나라는 점이었다.

가우스의 업적에 뒤따른 여러 결과 가운데 하나는 지구 표면을 일정 비율로 축소해 지도에 담아내기란 불가능하다는 오일러의 정리를 증명하는 새로운 방법이었다. 만약 그런 지도가 '존재'한다면, 지구를 같은 비율로 축소했을 때 그 지구 축소 모형의 표면에서 측정한 값들이 모두 지도에서 측정한 해당 값과 똑같을 것이다. 이는 그런 측량으로 알아낸 가우스 곡률을 포함한 모든 값이 지구 축소 모형 위의 각 점과 지도 위의 대응점에서 같게 나타날 것이라는 뜻이다. 하지만 반반한 평면 위에 그려 놓은 지도는 가우스 곡률이 0인 반면, 지구는 구체이든 타원체이든 간에 곡률이 양수다. 따라서 그런 지도는 존재할 리가 없다.

가우스의 접근법은 몇 가지 중요한 의미에서 오일러의 접근법을 넘어섰다. 첫째, 구에 대한 오일러의 주장에 숨어 있던 기하학적 의미를 밝혀냈다. 둘째, 훨씬 일반적이어서 (타원체면에 가까운) 진짜 지구 표면에 적용될 수 있다. 셋째, 갈수록 중요해질 새로운 곡률 개념을 발전시켰다.

가우스가 곡률을 측지삼각형과 관련지어 설명한 내용은 후대에 몇 차례 보충되었다. 프랑스의 두 수학자 조제프 베르트랑

Joseph Bertrand과 빅토르 퓌죄Victor Puiseux는 원의 기본 개념으로 거슬러 올라가는 설명을 내놓았다. 특정 점을 중심으로 하고 특정 길이를 반지름으로 하는 '원'이 구면, 타원체면 등의 표면에 있다[50]는 건 무슨 뜻일까? 평면에서 원은 일정한 점(중심)에서 같은 거리(반지름)에 있는 점들의 집합이다. 여기서 '거리'를 '까마귀의 비행경로와 같은' 거리, 즉 측지선 길이로 해석하면 이 정의를 다른 표면 위의 원에도 적용할 수 있다. 구에서 그 거리는 표면 위의 최단 거리, 즉 대원 거리를 의미할 것이다. 만약 지구가 둘레가 24,000마일(약 38,600킬로미터)인 구라면, 북극에서 적도상의 점까지 거리는 모두 정확히 6000마일(약 9700킬로미터)일 것이다. 그렇다면 적도는 바로 북극을 중심으로 하고 반지름이 6000마일인 원인 셈이다. 이 '원'의 둘레, 즉 적도의 길이는 24,000마일로 반

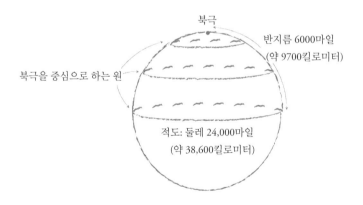

그림 28   적도는 지구에서 북극을 중심으로 하는 원에 해당한다.

2πr보다 짧다.　　　　　　　2πr보다 훨씬 짧다.

곡률이 양수인 경우　　　　　　곡률이 큰 양수인 경우

그림 29　　곡률이 양수인 표면 위에 있는 원의 둘레.

2πr보다 길다.　　　　　　　2πr보다 훨씬 길다.

곡률이 음수인 경우　　　　　곡률이 절댓값이 큰 음수인 경우

그림 30　　곡률이 음수인 표면 위에 있는 원의 둘레.

지름의 꼭 네 배에 해당한다. 이 비율은 평면에서보다 훨씬 낮은 수준이다. 평면에서는 원의 둘레가 무조건 반지름의 여섯 배를 넘는다(2πr). 사실 구면 위의 원들은 모두 반지름이 같은 평면 원에 비해 둘레가 짧다(구면 위의 '반지름'은 언제나 '까마귀의 비행경로와 같은' 길이를 의미한다). 그렇게 둘레가 상대적으로 짧은 '정도'가 바로 구면의 곡률을 결정한다. 베르트랑과 퓌죄는 어떤 표면에서나 마찬가지[51]라고 말했다. 곡률이 양수인 표면 위의 원은 반지름이 같은 평면 원에 비해 둘레가 짧기 마련이다. 그 둘레는 표면의 곡률이 클수록 짧다. 어떤 표면 위의 원이 같은 반지름의 평면 원에 비해 둘레가 길면, 그 표면은 곡률이 '음수'다. 그런 경우에는 둘레와 반지름의 비가 높을수록 표면 곡률의 절댓값이 크다.

표면 곡률이 음수인 도형의 유명한 일례로 '유사구(면) pseudosphere'[의사구(면)]라는 안팎이 뒤집힌 구가 있다. 이 도형은 나팔을 쭉 잡아당겨 늘여 놓은 것처럼 생겼다. 유사구면은 곡률이 음수일 뿐 아니라 '일정'하기도 하다. 이것이 좀 뜻밖의 사실로 여겨질 수도 있다. 유사구는 부분별로 생김새가 사뭇 다르기 때문이다. 하지만 반지름이 같은, 유사구면 위의 두 원은 위치와 상관없이 무조건 둘레가 같다. 베르트랑의 설명에 따르면 그런 표면은 어느 점에서나 곡률이 일정하다. 그러므로 한 유사구면 위의 어딘가에 어떤 그림이 그려져 있다면 같은 유사구면 위의 다른 곳에 그 그림을 왜곡 없이 고스란히 옮겨 그릴 수 있다. 반면에 그 그림을 평면 위에다 고스란히 옮겨 그리려고 하면 일반 구의

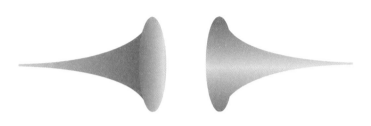

그림 31   유사구면을 두 방향에서 바라본 모습.

경우와 마찬가지로 무조건 실패할 수밖에 없다. 그 이유는 역시 가우스가 간파했듯이 완벽한 지도를 그리려면 곡률이 같아야 하기 때문이다.

가우스는 기하학에 대한 자신의 아이디어를 1827년에 논문으로 발표했다.[52] 바로 앞의 해에는 훗날 가우스의 아이디어를 전혀 예상 밖의 방향으로 확장한 수학자가 태어났다. 하지만 그 이야기로 넘어가기에 앞서 1829년에 일어난 어떤 일, 나중에 알고 보니 기하학 연구의 전환점으로서 수학계 훨씬 너머까지 영향을 미친 일을 설명해야겠다.

4장

가상 세계

기하학자가 원과 면적이 같은 정사각형을
작도하려 애쓸 때 아무리 궁리해 보아도
자신에게 필요한 원리를 못 찾지 않는가.

나 역시 그 새로운 광경을 보고 그러했다.
나는 우리 모습이 어떻게 그 원에 깃들고
어떻게 그곳에 자리 잡는지 보고 싶었으나……

거기서 내 고귀한 심안은 힘을 잃었도다.

_ 단테Dante의《신곡*The Divine Comedy*》

수학사에서 몇 번이고 되풀이되는 한 가지 주제는 새로운 개념의 점진적 발전 과정이다. 여기에 해당하는 개념들은 처음에 너무 추상적이란 이유로 부정당하다가, 얼마 후 '부자연스럽고' 직관에 어긋나는 듯해도 유용하긴 하다고 인정받고, 결국 실용적인 기본 필수 도구로 격상되었다. 일례로 '음수'라는 개념이 있다. 수세기 동안 그 표현은 앞뒤가 안 맞는 말, 하나 마나 한 소리, 말도 안 되는 수로 여겨졌다. 수는 뭔가를 세거나 재어서 나타낸 값이다. 넓이가 음수인 도형, 둘레가 음수인 원, 쪽수가 음수인 책은 존재하지 않는다. 그야말로 수백 년 동안 수학자들은 음수를 사용하지 않고 갖가지 문제를 해결하려고 무진 애썼다. 아주 조금씩이긴 했지만 그들은 음수를 안 쓰려고 기울인 노력이 헛수고였다는 사실을, 음수를 양수처럼 이해할 순 없지만 그 수도 충분히 받아들일 만하며 결코 모순적이지 않다는 사실을 차차 깨달았다.

허수(제곱하면 음수가 되는 수)[53]라는 개념 또한 마찬가지로 처음에 부정당하다 서서히 인정받았다. 문제는 일반 산술 규칙에 따르면 두 양수의 곱도 양수이고 두 음수의 곱도 양수라는 점이었다. 결과적으로 어떤 수든 제곱하면 양수나 0(원래 수가 0인 경우)이 되지 절대 −1 같은 음수가 되지는 않는다. 그런데 알고 보니 제곱이 −1인 수가 존재한다고 '가정'하면 아주 편리했다. 수학자들은 이 새로운 존재를 'i'라는 문자로 나타내고 '허수imaginary number'라 불렀다. 그 수는 제곱이 −1이라는 한 가지 별난 속성을 띠긴 했지만 그것을 제외하면 일반 산술 규칙을 그대로 따랐다. 그런 새로운 종류의 '수'를 도입한 것은 창의적이면서도 위험한 행동이었다. 허수가 갈수록 많이 쓰이다 한참 후에야 심각한 모순이 나타나서 이전의 연구 성과를 모두 버려야 할 가능성도 있었기 때문이다. 하지만 수 체계를 훨씬 세밀히 고찰한 19세기 무렵에는 '허수'가 더도 말고 덜도 말고 딱 일반 '실수real number' 만큼 '실재적'이라는 점이 명백해졌다. 둘 다 수학적 추상 개념이다. 게다가 '실수' 중에는 그토록 오랫동안 아주 미심쩍게 여겨졌던 음수뿐 아니라, 어떤 대수 방정식도 만족시키지 않는 비순환 무한 소수 같은 별종도 있다. 그래서 허수는 수학적 도구 중 하나로 완전히 받아들여져 문제 풀이에 필요할 때마다 쓰일 수 있게 되었다. 허수는 지금 공학과 물리학에서 예사롭게 쓰이고 있으며, 수학을 응용하는 일 가운데 상당수는 허수가 없으면 상상도 못 할 일이다.

하지만 수학의 발전 과정에서 비유클리드 기하학[54]만큼 저항과 격분을 크게 불러일으킨 개념도 별로 없다. 19세기 무렵 유클리드 기하학은 2000년 된 학문으로서 수세기 동안 일반 교육의 중심에 자리해 왔을 뿐 아니라 명료한 사고와 논리적 추론의 원형이기도 했다. 이마누엘 칸트Immanuel Kant[55]는 유클리드 기하학이 원래 우리 뇌에 새겨져 있으며 우리 각자가 외부 세계를 인식하고 가시화하는 이치의 정수에 해당한다고 생각했다.

그런데도 1829년 러시아 수학자 니콜라이 이바노비치 로바쳅스키Nicholai Ivanovich Lobachevsky[56]는 한 논문에서 유클리드 기하학의 대안을 내놓았다. 유클리드 기하학의 명제 가운데 상당수는 로바쳅스키 기하학에서도 참이었다. 이등변 삼각형의 밑각은 크기가 같다, 삼각형에서 가장 긴 변은 가장 큰 각의 대변이다 등등. 사실 유클리드 《원론》 제1권 명제 1부터 28까지의 언명과 증명은 로바쳅스키 기하학에서 그대로 유지된다. 하지만 아주 유명한 유클리드 기하학 정리 가운데 일부는 더 이상 참이 아니다. 예를 들면 피타고라스 정리와, 삼각형 내각의 합은 180°라는 정리[57] 같은 것이 그러하다. 로바쳅스키 기하학에서 삼각형 내각의 합은 일정한 값이 아니라 삼각형에 따라 달라지는데 어떤 경우든 180°보다 '작다.'

　로바쳅스키는 자신의 기하학을 '비유클리드' 기하학이라 부르지 않고 '가상imaginary' 기하학이라 일컬었다. 로바쳅스키가 '가상'이란 말을 쓴 까닭은 그 기하학이 유클리드 기하학보다 실재성이 떨어진다고 생각했기 때문이 아니라, 구면 기하학 수식 중 상당수에서 실수를 허수로 바꾸기만 하면 자신의 기하학에서 대응식을 얻을 수 있었기 때문이다.

　로바쳅스키의 논문은 처음에 별로 관심을 받지 못했다. 아마 어느 정도는 로바쳅스키가 그 기하학의 이름으로 '가상'이란 말을 선택했기 때문일 것이고, 어느 정도는 그가 논문을 러시아어로 써서 비주류 학술지에 실었기 때문일 것이다. 그런데 처음에 그 논문을 읽은 러시아인들과 나중에 번역본을 읽은 타국인들이 그나마 보인 반응마저도 거의 한결같이 부정적이었다.

헝가리에서 비유클리드 기하학을 따로 창시한 야노시 보여이János Bolyai라는 청년은 훨씬 충격적인 일을 겪었다. 보여이의 아버지 볼프강[58]은 가우스와 평생 친구였다. 두 사람은 괴팅겐대학교 재학 중에 만났는데 1799년 볼프강이 헝가리로 돌아간 후에도 50년 넘게 편지를 주고받으며 관계를 유지했다. 아들의 연구성과가 당연히 자랑스러웠던 볼프강은 그 논문을 가우스에게 보냈다. 가우스가 칭찬 한마디 해 주었더라면 그리고 무엇보다도 보여이의 논문을 여러 수학계 지인에게 소개해 주었더라면, 보여이는 일찌감치 수학자로서 출세가도에 올랐을지도 모른다. 하지만 그때 가우스는 별로 존경스럽지 않은 면모[59]를 드러냈다. 볼프강에게 보낸 유명한 답장에서 가우스는 자신이 그 논문을 칭찬할 수 없다고, 그걸 칭찬하면 자화자찬을 하는 셈이기 때문이라고 말했다. 사정인즉 가우스는 로바쳅스키와 보여이가 해낸 일가운데 상당 부분을 이미 해 놓은 터였다.[60] 가우스가 그 연구 성과를 발표하지 않은 것은 깐깐한 그가 만족할 만한 완성도에 아직 이르지 못해서가 아니라 부정적인 반응이 나올까 봐 두려웠기 때문이다. 상황이 상황이었던 만큼 가우스는 보여이를 칭찬하고 격려해 줄 수도 있었다. 가우스가 그러지 않는 바람에 보여이는 자신이 그 새로운 기하학을 면밀히 고안하는 데 쏟은 엄청난노력이 가우스가 수년 전 갔던 길을 되밟는 헛수고에 불과했다는 사실을 깨닫고 망연자실했다.

역설적이게도 가우스는 새로운 기하학을 제대로 이해하고 그 진가를 알아본 몇 안 되는 수학자 중 한 명이었다. 사실 가우스는 예순두 살에 러시아어를 배우기 시작했다. 어느 정도는 새로운 언어를 배우는 걸 좋아했기 때문이고, 어느 정도는 자신의 지력이 건재한지 확인해 보기 위해서였는데, 아마도 어느 정도는 다름 아닌 로바쳅스키의 논문을 읽기 위해서였던 것 같다.

수학자들은 대부분 비유클리드 기하학에 대해 두 가지 큰 의문을 품고 있었다. 첫째는 그 새로운 기하학이 유클리드 기하학의 대안으로서 존립할 수 있겠는가 하는 점이었다. 둘째는 그것이 설령 '존립할 수 있다' 해도 거기에 가치가 있겠는가 하는 점이었다. 보여이와 로바쳅스키(와 가우스)는 새로운 기하학을 전개할 때 유클리드 기하학의 공리들을 출발점으로 삼되 그중 하나인 '평행선 공리'를 그와 완전히 상반되는 새 공리로 대체했다. 증명 과정에서 평행선 공리가 쓰이지 않은 유클리드 기하학 정리들은 당연히 새로운 기하학에서도 참이 될 터였다. 하지만 증명 과정에서 평행선 공리가 쓰인 정리들은 이제 유클리드 기하학의 맥락 속에선 터무니없어 보이는 다른 명제들로 대체될 터였다. 존립 가능성에 대한 큰 의문은 새로운 공리들이 나중에 모순을 낳을 것인가 아니면 끝끝내 모순을 낳지 않을 것인가였다. 이들이 모순을 낳을 경우에는 그 체계 전체가 무용지물이 되고, 존립 가능한 기하학은 유클리드 기하학뿐이란 생각이 더욱더 신빙성을 얻기만 할 터였다. 보여이와 로바쳅스키는 새로운 공리에 관한 연구를 충분히 밀고 나가, 그 성과가 정말 존립 가능한 기하학이며 새 공리들이 모순을 낳지 않으리라고 확신했다. 하지만 그들이 이를 증명하지는 못했기에 의문은 사라지지 않았다.

새 기하학의 '가치'에 대해 이야기하자면, 거기에 모순이 안 따르리라 상정한 로바쳅스키는 그 기하학이 과학 전반에 근본적 의문을 제기한다는 점을 잘 알고 있었다. 우리가 생활하는 공간은 다들 생각하듯 정말 유클리드 공간일까, 아니면 로바쳅스키의 '가상 기하학'이 실세계를 정확히 설명해 주는 것일 가능성도 있을까? 널리 알려졌지만 잘못된 일설에서는 가우스가 현실 공간이 유클리드 공간인지 로바쳅스키 공간인지 판가름하려고 산봉우리 세 곳을 꼭짓점으로 하는 거대 삼각형의 내각을 측정해 보았다고 한다. 실제로 가우스가 그런 실험을 수행하긴 했는데, 그것은 측지학의 어떤 문제[61]를 해결하기 위해서였지 공간의 유클리드·비유클리드성을 밝히기 위해서가 아니었다.

로바쳅스키는 새 기하학에 대한 첫 논문을 발표한 후에도 자신의 아이디어를 계속 발전시켰다. 그는 두 번째 논문을 러시아어로 써서 "가상 기하학"[62]이란 제목으로 발표했는데, 1837년에는 프랑스어 번역본이 유럽의 주요 수학 학술지 중 하나인 〈크렐레 저널Crelle's Journal〉[63]에 실렸다. 2년 후 같은 학술지에서 독일 수학자 페르디난트 민딩Ferdinand Minding은 지금 우리가 '유사구면'이라 부르는 표면을 처음으로 소개했다. 1840년에 또 〈크렐레 저널〉에서 민딩은 한 가지 주목할 만한 사실을 언급했다. 구면 삼각형의 변 길이와 내각 크기를 관련짓는 일반 공식에서 구 반지름을 허수로 바꾸면 유사구면 위의 측지삼각형[64]에 적용할 수 있는 공식이 나온다는 것이었다. 민딩은 그런 공식의 예를 하나 들었는데,[65] 그것은 표기법만 조금 다를 뿐 실질적으로는 로바첸스키가 내놓은 공식과 똑같다.

이것은 수학사에서 소통 부재와 기회 상실의 대표적 사례로 꼽힐 만한데, 로바첸스키와 민딩은 서로의 논문을 읽어 보지 않은 듯하다. 당시엔 '아무도' 그러지 못한 듯하지만, 두 논문을 다 읽어 보고 그 내용을 잘 종합해 보면 로바첸스키의 '가상 기하학'이 곧 특정 표면에 대한 매우 실재적인 기하학이란 사실을 알아차릴 수 있다. 다시 말해 만약 지구가 거대한 유사구 모양이라면 측지 측량의 결과로 구면 기하학의 공식 말고 로바첸스키의 공식이 나왔을 것이다.

아무도 민딩 논문과 로바첸스키 논문을 관련짓지 못했다는 사실을 더욱더 두드러지게 하는 것은 두 사람 모두 간단히 실수 대신 허수를 써서 새 기하학과 구면 기하학의 유사성을 구체적으로 언급한다는 점인데, 그 연결 고리는 50년 전에 오일러와 같은 시대의 사람인 요한 람베르트Johann Lambert가 찾아낼 뻔했던 것이었다.

1728년 알자스에서 태어난 람베르트는 당대 독일 최고의 수학자[66]가 되었다. 그의 이름은 지금 세계 곳곳에서 지도 제작에 흔히 쓰이는 몇 가지 투영도법을 연상시킨다. 수학 분야에서 그는 2000년 된 다음과 같은 원 문제를 해결한 것으로 가장 유명하다. 측정 단위를 적절히 선택하면 원의 지름과 둘레가 둘 다 자연수가 되게 할 수 있을까? 가령 π 값이 정확히 22/7라면(실제로는 대략 그 정도일 뿐이지만), 지름이 7인 원의 둘레는 정확히 22일 것이다(실제로는 22가 조금 못 되지만). 람베르트는 지름이 자연수일 때 둘레도 자연수가 되기란 절대 불가능하다는 걸 증명해 보였다. 현대 용어로 말하면 π는 '무리수,'[67] 즉 정수의 비로 나타낼 수 없는 수다. 1786년에 발표한 또 다른 유명 논문에서 람베르트는 비유클리드 기하학을 창시할 뻔했다. 그는 유클리드 기하학의 평행선 공리를 다른 공리로 대체하는 방안이 두 가지 있다고 말하고 이들을 둘째 가설과 셋째 가설이라고 불렀다. 람베르트는 첫째 대안('둘째 가설')의 조건하에서 삼각형 내각의 합이 언제나 180°보다 크며 그 초과량이 삼각형 넓이에 정비례한다는 것을 증명하고는 구면 위의 측지삼각형이 바로 그런 경우에 해당한다고 말한다. 그리고 다른 대안('셋째 가설')의 조건하에서는 삼각형 내각의 합이 180°보다 '작으며' 그 부족량 또한 삼각형 넓이에 비례한다고 말한다. 이런 고찰 끝에 람베르트는 이렇게 썼다. "이에 따르면 아무래도 셋째 가설이 어떤 가상의 구면에서 참이 되리라고 결론지어야 할 것 같다."

물론 그의 생각은 옳았다. 그가 말한 '가상의 구면'은 바로 민딩의 유사구면이고, 그가 내놓은 '셋째 가설'은 바로 로바쳅스키 기하학으로 직결된다.

람베르트는 셋째 가설에 따르는 아주 놀라운 결과 중 하나에 특히 주목했다. 그건 바로 닮은꼴 삼각형이 아예 존재하지 않게 된다는 것이었다. 그 가설이 참이라면 대응각이 같은 두 삼각형은 사실상 합동일 수밖에 없다. 각의 크기가 변의 길이를 결정하는 셈이다! 구면 삼각형이 그렇다는 사실은 수백 년 전에 이슬람의 수학자와 천문학자들이 알아차린 바 있었다. 예컨대 평면 위의 정삼각형(세 변의 길이가 같은 삼각형)은 세 내각의 크기가 모두 60°로 같다. 그런 정삼각형들은 모두 서로 닮았다. 즉 크기만 다를 뿐 모양은 똑같다. 구면 위의 정삼각형 또한 세 변의 길이가 같고 세 각의 크기도 같다. 하지만 이 경우에는 각의 크기가 정삼각형마다 다르다. 작은 정삼각형은 내각이 60°보다 조금 클 뿐이지만, 변 길이가 구 '적도' 길이의 4분의 1인 큰 정삼각형은 각 내각이 90°다. 60°와 90° 사이의 한 각도를 내각으로 하는 정삼각형은 구면 위에 딱 한 가지 크기로만 있다. 바꿔 말하면 내각 크기가 같은 두 정삼각형은 '합동'이다. 이들은 서로 각의 크기도 같고 변의 길이도 같다. 구면 위의 정삼각형을 평면에서처럼 일정 비율로 확대하거나 축소하면서 각의 크기를 일정하게 유지하기란 불가능하다.

이는 람베르트가 '둘째 가설'하에서 주목한 속성이었다. '셋째 가설'하에서 정삼각형은 세 내각이 같긴 하지만 각 내각이 60°보다 '작다.' 60°보다 작은 임의의 한 각도를 내각으로 하는 정삼각형은 딱 한 가지 크기로만 있다. 이 경우에도 크기만 다르고

대응각은 같은 '닮은꼴 삼각형'은 존재하지 않는다. 수학자가 자신이 연구에 쏟은 열정을 공공연히 드러내는 일은 드문데, 람베르트는 '셋째 가설'의 이런 결과를 받아들이는 경우의 장단점을 논하며 다음과 같이 말한다.

이 결과에는 뭔가 절묘한 구석, 셋째 가설이 참이면 좋겠다는 마음이 들게 하는 구석이 있다!

이런 이점에도 불구하고 나는 이 가설이 참이 되길 바라지 않는다. 그렇게 되면 여러모로 불편해질 것이기 때문이다. 삼각 함수표가 무한대로 커질 것이고, 도형의 닮음과 비례가 완전히 사라질 것이고, 어떤 도형이든 오로지 실제 크기로만 상상할 수밖에 없게 될 것이고, 천문학자들이 난항을 겪게 될 것이고 등등.

그러나 이런 온갖 이유를 든 것은 애증에 휘둘렸기 때문인데, 그런 감정은 기하학이나 과학 전반에서 설 자리가 없어야 한다.

말로는 아니라고 했지만 실제로는 저런 이유들 때문에 셋째 가정에 대한 믿음이 약해졌던지 람베르트는 결국 거기에 모순이 뒤따르므로 그 가설을 버려야 한다고 확신하게 되었다.

람베르트가 조심스레 내놓은 아이디어를 로바쳅스키와 민딩이 각자의 논문에서 명쾌하게 설명하기까지 반세기가 걸린 셈인데, 그 후 두 논문을 누군가가 마침내 관련짓기까지는 사반세기가 걸렸다. 1868년에 이탈리아 기하학자 에우제니오 벨트라미Eugenio

Beltrami는 로바쳅스키와 민딩이 같은 기하학을 각자 다른 방식으로 설명하고 있었다는 사실을 밝혀냈다. 그리고 로바쳅스키 기하학을 견고한 토대 위에 올려놓으며 그것의 존립 가능성이 유클리드 기하학 못지않음을 증명해 내기도 했다. 그는 만약 누군가가 로바쳅스키의 공리에서 모순을 이끌어 낸다면 유클리드 기하학 자체에도 비슷한 모순이 숨어 있을 수밖에 없다는 것을 보여 주었다. 벨트라미는 양면적 접근법을 썼다. 그는 먼저 로바쳅스키의 공식을, 유사구면처럼 일정한 음의 곡률을 갖는 모든 표면에 적용되는 공식과 명확히 관련지었다. 그리고 로바쳅스키의 '가상' 세계를 '지도'로 만들 방법을 찾아냈다. 벨트라미는 그 지도를 일반 유클리드 평면 위의 원 안에 그렸다. 그 원의 현弦[호弧의 양 끝을 잇는

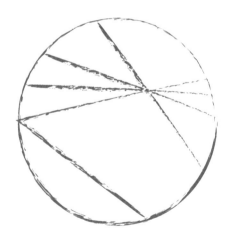

그림 32   벨트라미가 고안한 로바쳅스키 기하학 모형 안의 직선들.

선분 – 옮긴이)은 바로 로바쳅스키 기하학의 직선에 해당한다. 벨트라미의 지도를 보면 유클리드의 평행선 공리는 유효하지 않지만 다음과 같은 로바쳅스키의 대안은 유효하다는 사실을 곧바로 확인할 수 있다. 임의의 한 '직선' 위에 있지 않은 임의의 한 점을 지나면서 그 '직선'과 만나지 않는 '직선'은 무한히 많다. 여기서 잊지 말아야 할 것은 벨트라미의 그림이 '복제'가 아니라 '지도'라는 점이다. 구면을 나타내는 지도와 마찬가지로 이 지도에는 원형原形이 왜곡되어 있다. 메르카토르 지도에서 무한한 수직선들은 유한한 반원, 즉 자오선에 해당한다. 벨트라미 지도에서 원 안의 유한한 현들은 원형 안의 무한히 긴 직선에 해당한다. 둘 중 어떤 경우든 지도를 제대로 사용하려면, 지도상의 치수를 원형상의 치수로 환산하는 정밀한 방정식이 꼭 필요하다.

엄밀히 말하면 벨트라미의 그림은 지도가 아니라 '모형'이라고 불러야 마땅하다. '지도'는 지도로 만들 표면이 이미 존재하는 경우에 쓰는 말이기 때문이다. 로바쳅스키는 자신의 기하학에서 유효한 규칙들을 적어 놓긴 했지만, 그런 규칙이 실제로 적용되는 경기장을 제공하진 못했다. 그중 삼각 함수 공식 같은 일부 규칙은 민딩과 벨트라미가 증명한 바에 따르면 유사구면처럼 일정한 음의 곡률을 갖는 표면 위의 측지삼각형에 적용할 수 있다. 하지만 로바쳅스키 기하학의 다른 속성들, 이를테면 직선을 양방향으로 얼마든지 연장할 수 있어야 한다는 요건 같은 것은 성립하지 않는다. 유사구면에는 그런 속성이 없다. 만약 지구가 유사구라면 우리는 지구 평면론자들이 우려한 대로 정말 세상의 끝에서 떨어지고 말 것이다.

19세기 말에 유럽 수학계의 양대 산맥이던 독일의 다비트 힐베르트David Hilbert와 프랑스의 앙리 푸앵카레Henri Poincaré는 둘 다 로바쳅스키 기하학에 대한 마지막 몇 가지 의문을 해소하는 데 일조했다. 힐베르트는 이런 의문을 제기했다. 유사구면처럼 일정한 음의 곡률을 갖되 유사구면과 달리 끝이 없는 표면, 즉 로바쳅스키 기하학의 요건을 '모두' 충족하는 표면을 찾을 수 있을까? 만약 그럴 수 있다면, 벨트라미식 모형에 의지하지 않고 존립 가능성 문제를 어느 때보다 깔끔히 해결하게 될 터였다. 힐베르트는 그런 표면이 존재하지 않음을 증명했다. 그래서 누구든 로바쳅스키 기하학의 모형을 찾으려면 다른 곳으로 시선을 돌려야 했다.

푸앵카레는 벨트라미의 기존 모형보다 몇 가지 면에서 나은 새로운 모형을 만들어 냈다. 푸앵카레의 모형은 무엇보다도 구면의 메르카토르 지도처럼 모든 각도를 정확히 나타내는데, 벨트라미의 모형은 그런 속성을 띠지 않는다. 푸앵카레의 모형은 다음과 같이 상상할 수 있다. 일반 유클리드 평면을 반으로 가른다. 가령 수평선을 경계로 삼아 그렇게 한다고 치자. 그리고 그 반평면이 유리나 플라스틱 같은 투명한 물질로 만들어졌는데 경계선에 가까워질수록 물질의 밀도가 점차 높아진다고 해 보자. 이 기하학적 구조에서 '직선'은 광선이 물질 속에서 따라가는 경로다.

그림 33   M. C. 에스허르의 〈천사와 악마〉(원제목은 〈원 극한 4〉)

그런 광선들은 굴절의 기본 법칙에 따라 구부러질 텐데, 매질의 밀도 변화율이 일정하다면, 경계선과 수직으로 만나는 반원형 경로를 따라갈 것이다. 푸앵카레는 이 '지도'상의 치수를 적절히 해석하면 로바쳅스키 기하학의 정확한 모형을 얻을 수 있다는 것을 보여 주었다.

푸앵카레는 그런 반평면 모형의 변형을 한 가지 만들어 내기도 했는데, 그것은 벨트라미의 모형처럼 전부 하나의 원 안에 담겼다. 그 모형은 M. C. 에스허르M. C. Escher의 목판화 덕분에 유명해졌다. 사실 에스허르가 로바쳅스키 평면을 문양으로 뒤덮은 창의적인 방식은 푸앵카레의 로바쳅스키 기하학 모형을 최대한 정확하고 쉽게 이해하는 수단이 되어 준다. 〈천국과 지옥Heaven and Hell〉이나 〈천사와 악마Angels and Devils〉란 제목(원제목은 〈원 극한 4Circle Limit IV〉)으로 알려진 낯익은 그림에 나오는 천사들은 로바쳅스키 평면에서의 원래 비율대로라면 모두 서로 똑같은 형태다. 천사들이 원의 중심에서 멀어질수록 작아지는 듯이 보이는 것은 푸앵카레 지도의 인위적 속성이다. 푸앵카레의 지도에서는 벨트라미의 지도에서와 마찬가지로 실제 기하학적 구조 위의 무한히 긴 직선을 길이가 유한한 곡선으로 나타낸다. 천사에 대해 참인 것은 악마에 대해서도 참이다. 악마들은 로바쳅스키의 '가상 기하학'에선 모두 크기와 모양이 똑같은데 단지 저 그림에 크기가 가지각색으로 나타나 있을 뿐이다. 푸앵카레의 지도에서는 로바쳅스키 평면의 여느 지도에서와 마찬가지로 길이와 거리가 왜곡될 수밖에

없기 때문이다.[68]

벨트라미와 푸앵카레의 연구 결과가 발표된 후 로바첸스키 기하학의 존립 가능성에 대한 의문은 말끔히 사라졌다. 그것은 또 하나의 기하학 연구 수단이 되었고, '쌍곡 기하학'이라는 이름으로 서서히 알려지며 일반 유클리드 기하학과도 대조를 이루고 구면 기하학과 밀접히 관련된 '타원 기하학'이란 또 다른 비유클리드 기하학과도 대조를 이루었다.

쌍곡 기하학은 알고 보니 매우 다양한 수학 분야에서 대단히 유용했다. 가장 놀라운 것은 아마도 그 기하학이 1993년에 나온, '페르마의 마지막 정리'라는 350년 된 문제의 해법과 관련이 있다는 점일 듯하다.

의문은 아직 남아 있다. 비유클리드 기하학은 '실세계'에서 어떤 가치를 띠는가? 이에 대한 해답이 나오기까지는 우여곡절이 있었는데, 그 시발점이 된 것은 수학계의 대선지자 베른하르트 리만이 기하학이란 분야 전체를 완전히 다시 생각한 일이었다.

5장

굽은 공간

본질적으로
수학에는 놀라울 정도의 상상력이 존재한다.
아르키메데스의 상상력은 호메로스 못지않았다.

_ 볼테르Voltaire

게오르크 프리드리히 베른하르트 리만Georg Friedrich Bernhard Riemann은 1826년에 태어났다. 가우스보다 50년 가까이 늦게 태어난 셈이다. 그가 태어난 브레젤렌츠라는 마을은 당시 가우스가 열심히 측량하고 있던 바로 그 하노버 왕국 안에 있었다. 오일러, 가우스와 함께 리만은 수학의 황금기를 대표하는 수학자 삼인방을 이루는데, 이는 흔히 바흐, 베토벤, 브람스가 고전 음악의 전성기를 대표한다고 여겨지는 것과 비슷하다. 그들이 수학자와 음악가로서 명백히 다른 길을 걷긴 했지만, 두 문화 집단 사이에는 놀라운 유사점이 몇 가지 있다.

18세기에 활동한 오일러와 바흐는 당시 전통에 따라 귀족이나 왕족의 후원을 받았다. 사생활에서나 직업 생활에서나 원기 왕성했던 그들은 자식을 여럿 두고 방대한 양의 문서를 후대에 남겼다. 게다가 기이한 우연의 일치로 두 사람은 만년에 눈이 나빠져 고생하다 결국 아무것도 못 보는 상태로 생을 마쳤다.

반면에 베토벤과 가우스는 19세기 초엽 낭만적 이상의 화신이었다. 그들은 자신이 손댄 모든 것을 걸작으로 만들기 위해 분투했다. 바흐와 오일러는 삶과 성격이 훨씬 더 밝고 덜 복잡했던지 종종 앉은자리에서 작품 하나를 뚝딱 완성해 냈다. 베토벤은 하나의 곡을 한참 동안 다시 쓰고 고쳐 쓴 후에야 발표한 것으로 유명했다. 가우스는 '얼마 안 되더라도 무르익혀서pauca sed matura'란 좌우명에 드러나 있듯 아이디어 하나하나의 본질을 찾아내는

그림 34　게오르크 프리드리히 베른하르트 리만. (Mathematics Institute, Göttingen)

데 매달리며 연구 결과가 자신의 까다로운 기준을 충족할 때까지 원고를 공개하지 않았다. 그 결과로 보여이 같은 몇몇 동시대 사람들은 유쾌하지 않은 경험을 하기도 했다. 그들은 수년간 어떤 연구에 공을 들였으나 그 노력의 결실은 가우스에게서 '나도 알고 있었다'는 식의 뚱한 반응을 이끌어 낼 뿐이었다.

브람스와 리만은 세기의 전환기에서 한참 벗어난 19세기 중후반의 세계에서 살았다. 풍성한 수염 너머로 우리 쪽을 응시하는 그들의 사진 속 모습은 나폴레옹 시대의 거창한 희망, 허세와 거리가 멀어 보인다. 두 사람은 본래 겸손했지만 본의 아니게 동시대인들에게 전대 위인들의 후계자감으로 점찍혔다. 리만은 전에 가우스가 맡았던 괴팅겐대학 교수직에 임명됐을 뿐만 아니라 천문대 구내의 같은 사택을 물려받기도 했다. 반면에(혹은 바로 그런 이유 때문에) 브람스와 리만은 완벽주의를 베토벤과 가우스보다 훨씬 집요하게 추구했다. 브람스는 20년간 사중주곡을 스무 곡 쓴 후에야 간신히 한 곡을 발표했다. 그가 평생 만든 교향곡은 총 네 곡인데 반해 베토벤은 아홉 곡, 하이든은 백여 곡을 썼다.

리만이 발표한 얼마 안 되는 논문 수는 더욱더 인상적이다. 오일러가 쏟아 낸 논문의 수와 비교하면 특히 그렇다. 리만이 평생에 걸쳐 내놓은 수학 연구 성과는 책꽂이에서 3센티미터도 채 차지하지 않는 작은 문고본 한 권에 실렸다.

그럼에도 불구하고 리만은 중추적인 인물이었다. 그의 통찰력과 창의력은 수학의 발전 방향을 바꾸었을 뿐 아니라 우리의 세계관을 송두리째 바꿔 놓기도 했다. 가우스가 보여이를 칭찬하길 꺼린 것은 그에게 이례적이라기보다 무척 일반적인 일이었다. 하지만 리만의 박사 학위 논문을 받아 읽어 본 가우스는 그 내용을 곧바로 인정하며 리만의 "창의적이고 적극적이며 참으로 수학적인 사고방식과 굉장히 풍부한 독창성"을 칭찬했다. 수년 후 리만의 생각이 무르익어 결실을 맺은 다음에 알베르트 아인슈타인Albert Einstein은 이렇게 썼다. "홀로 이해받지 못하던 리만의 천재성만이 지난 세기 중반에 이미 새로운 공간 개념을 창안해 냈다. 그 개념에서 공간은 경직성을 잃고, 물리 현상에 관여할 가능성을 인정받았다."

리만이 내놓은 새로운 개념의 핵심은 우리가 주변 공간을 탐색할 때도 가우스의 표면 탐색법과 똑같은 방식, 즉 최단 경로를 따라가서 치수를 측정하고 아무 선입견 없이 결과를 기록하는 방식을 써야 한다는 것이었다. 우리는 아인슈타인이 나중에 '사고 실험'이라 부른 일을 해 볼 것이다. 그것은 우리 상상 속에서 고안하고 수행하는 실험이다.

우리가 해 볼 특정 '실험'을 설명하기에 앞서 사고 실험이 어떤 특징을 띠며 물질계 이해에 얼마나 도움이 되는지 간단히 이야기해야겠다. 사고 실험의 역할을 잘 보여 주는 일례로 '관성의 법칙'[69]이 있다. 그 법칙은 갈릴레이가 처음 세웠는데 나중에 뉴턴이 유명한 '뉴턴의 운동 법칙' 세 가지 중 첫째로 삼았다. 갈릴레이는 다양한 조건에서 물체의 운동을 주의 깊게 관찰·측정한

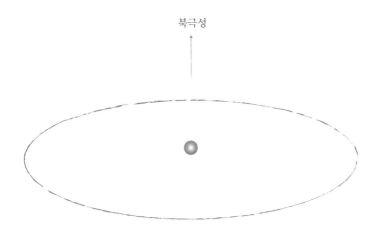

북극성

그림 35　우리 사고 실험에서 지구 적도를 둘러싼 광륜.

끝에, 2000년 가까이 전해 내려온 통설이 완전히 틀렸다고 결론 지었다. 아리스토텔레스가 퍼뜨린 그 설에서는 운동을 유지하려 면 힘이 필요하고 힘이 사라지면 운동이 멈춘다고 했다. 갈릴레 이는 뭔가가 힘을 가해 운동을 멈추지만 않으면 운동이 영원히 계속될 것이라고 주장했다. 아리스토텔레스의 생각이 그토록 오 랫동안 군림할 수 있었던 이유는 단지 갈릴레이의 주장을 입증 할 실제 실험을 고안할 수가 없었기 때문이다. 물체에는 '언제나' 힘이 작용하고 있다. 중력, 마찰력, 낙하체가 땅에 부딪히면서 받 는 힘 등등. 갈릴레이는 그런 온갖 힘이 모두 사라진 상황을 '상 상'해야 했는데, 그 상황에서라면 물체가 같은 방향 같은 속력으 로 언제까지고 계속 운동할 것이라고 결론지었다. 그가 그런 결론에 도달한 것은 외력을 서서히 줄이면 어떻게 되는지 관찰하면서 실제 결과가 사고 실험으로 예측한 바에 점점 가까워지는 것을 확인했기 때문이다. 이 사고 실험의 중요성은 아무리 강조해도 지나치지 않다. 이 실험 덕분에 뉴턴은 또다시 힘과 관련하여 제2법칙과 제3법칙을 세우며, 힘이 물체의 운동에 정확히 어떤 영향을 미치는지 밝힐 수 있었다. 그 결과로, 아리스토텔레스가 내놓은 물질계에 대한 질적 서술이 뉴턴이 내놓은 간단한 수학식 형태의 정밀한 양적 진술로 대체되면서 근현대 물리학 전반의 토대가 마련되었다.

다음은 리만이 설명한 그대로는 결코 아니지만 그에 상당하는 사고 실험으로 리만의 공간 모양 분석 방안이 어떤 것인지 잘 보여 준다. 가령 우리가 지구 근처의 공간을 탐색하려 한다고 해 보자. 우리는 먼저 방향을 하나 선택한 다음(이를테면 북극에서의 수직 방향을 선택한다고 치자) 그 방향에 수직인 면을 따라 '공간의 모양'을 조사할 것이다.

수많은 로켓이 일정 간격으로 적도 전체를 따라 늘어서 있다고 상상해 보라. 우리는 하나의 신호에 맞춰 모든 로켓을 일제히 발사한다. 각 로켓은 특정 거리만큼 똑바로 위로 날아간 후 밝은 빛을 내도록 설정되었다. 로켓의 수가 충분하다면 그 결과로 거대한 광륜halo이 지표면과 특정 거리를 두고 지구를 에워싸게 될 것이다. 이 사고 실험을 수행하기 위해 우리가 그 원의 둘레를 측정할 수 있다고 가정해 보자. 실제 공간이 유클리드 공간과 같다면 그 둘레는 반지름에 2π를 곱한 값일 것이다. 하지만 리만의 견해에 따르면 실제 둘레를 미리 알기란 불가능하다. 우리는 실제 공간이 유클리드 공간과 같은지 다른지 모르기 때문이다. 사실 일찍이 가우스와 로바쳅스키도 그와 같은 견해를 피력한 바 있다. 1820년대에 로바쳅스키는 비유클리드 입체 기하학과 평면 기하학의 온갖 공식을 알아냈는데, 그중에는 우리 사고 실험의 광륜 같은 원의 둘레를 반지름으로 구하는 공식도 있다. 로바쳅스키 기하학(쌍곡 기하학)에 따르자면, 그런 원의 둘레는 반지름에 2π를 곱한 유클리드 기하학적 값보다 '클' 것이고, 그 특정 초과량은 '공간이 굽은 정도'를 나타내는 척도가 될 것이다. 그러나 리만은 실제 공간을 유클리드 공간과 로바쳅스키 공간 둘 중 하나로 상정할 이유가 없다고 지적했다. 이들은 두 가지 선택지에 불과하다. 알고 보니 이를테면 광륜의 둘레가 유클리드 기하학적 둘레보다 '작을' 가능성도 충분히 있다. 리만은 바로 그런 경우의 예를 들었다. 해당 기하학은 또 다른 비유클리드 기하학으로 '타원 기하학'이나 '구면 기하학'이나 '리만 기하학'이라고 불린다.

그런데 리만은 훨씬 멀리 나아갔다. 세 기하학(리만 기하학, 로바쳅스키 기하학, 유클리드 기하학) 모두에서 반지름이 특정 값인 원의 둘레는 원의 공간상 위치와 상관없이 일정하다. 리만은 그런 경우를 상정할 이유도 없다고 말했다. 지구 근처 공간의 곡률은 우리 은하 중심 부근의 어느 별이나 어떤 먼 은하에 속하는 어느 별의 근처 곡률과 크게 다를 수도 있다. 각 경우에 똑같은 사고 실험을 수행하면 광륜의 둘레와 반지름을 비교해 공간 곡률을 알 수 있을 것이다. 임의의 표면 위에 있는 원의 둘레를 그 표면의 곡률과 관련짓는 베르트랑과 퓌죄의 공식을 이용하면 공간 곡률도 '정의'할 수 있다.[70] 곡률이 0이란 말은 반지름이 r인 원의 둘레가 $2\pi r$이라는 뜻이고, 곡률이 양수란 말은 원둘레가 $2\pi r$보다 '작다'는 뜻이고(곡률이 클수록 둘레가 짧아진다), 곡률이 음수란 말은 원둘레가 $2\pi r$보다 '크다'는 뜻이다(곡률의 절댓값이 클수록 둘레가 길어진다).

일반 토지 측량법과 비슷한 또 한 가지 공간 탐색법은 조금 다른 사고 실험으로 설명할 수 있다. 이 실험에서는 '광륜' 대신 '삼각 측량'을 이용한다. 우리는 적도를 6등분하는 여섯 지점에서 무인 우주 탐사선 여섯 대를 발사하고, 각 탐사선이 양옆의 이웃 탐사선과 자신 간의 거리를 계속 측정하게 할 수 있을 것이다. 실제 공간이 유클리드 공간이라면,[71] 탐사선이 이동 중에 어느 위치에 있든 탐사선 간 거리가 탐사선과 지구 중심 간의 거리와 같을 것이다. 로바쳅스키 공간에서는 탐사선 간 거리가 탐사선과 지구 간의 거리보다 빨리 증가할 것이고, 곡률이 양수인 공간에서는 탐사선 간 거리가 탐사선과 지구 간의 거리보다 느리게 증가할 것이다.

측지삼각형(혹은 과수원의 나무 간격)과 관련된 가우스의 곡률 개념과 마찬가지로 리만의 공간 곡률 개념은 어떤 공간의 치수가 유클리드 공간의 치수에서 벗어난 정도에 해당한다고 이해하는 것이 좋다.

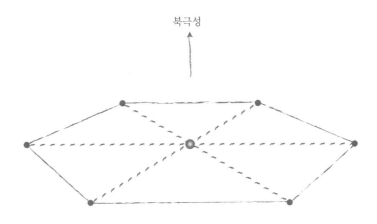

그림 36　공간 곡률을 알아내기 위해 탐사선 여섯 대 사이의 거리를 측정하고
그 값을 각 탐사선과 지구 간의 거리와 비교한다.

　　공간 곡률에 대해 흔히들 하는 오해가 두 가지 있다. 첫째는
곡률이 편평도와 달리 꽤 모호하거나 질적인 개념이라는 생각이
다. 곡률은 사실 매우 정밀한 개념으로, 공간의 각 점과 해당 점
의 각 방향에, 그곳 주변 공간 모양에 따라 정확히 결정된 값을
부여한다. 둘째는 굽은 공간을 묘사하거나 상상하려면 어떻게든
그 공간이 4차원으로 '굽어 있다'고 생각해야 한다는 것이다. 수
학자들이 '4차원 유클리드 공간'이라 부르는 것을 웬만큼 이해한
사람에게는 그런 이미지가 굽은 공간을 상상하는 데 도움이 될
수 있다. 안타깝게도 4차원 공간은 과학 대중화 운동가와 SF 소
설가들이 종종 신비주의적 뉘앙스를 가미해 온 개념이다. 4차원
공간의 수학적 의미를 찬찬히 살펴보고 이해하지 않은 사람에게

는 그것이 이해에 도움이 되기는커녕 방해가 될 공산이 크다. 다시 한 번 말하지만 요점은 그냥 일반 3차원 공간에서 이런저런 치수를 측정했을 때 그 결괏값이 유클리드 기하학적 결괏값과 일치하지 않으리라는 것이다. '곡률'이 나타내는 것은 해당 공간이 유클리드 모형에서 벗어난 정도와 유형이다.

우리가 경험한 바로는 유클리드 기하학을 이용하면 소규모 공간을 잘 설명할 수 있다. 하지만 그 기하학이 은하와 은하 사이의 대규모 공간에도 적용된다고 상정할 이유는 전혀 없다. 바로 그렇게 소규모에서 유효한 것을 대규모에 확대 적용하다 보니 우리는 평평한 우주를 염두에 두게 된다. 옛날 사람들이 지구가 평평하다고 믿게 된 것도 이와 똑같은 사고방식 때문이었다.

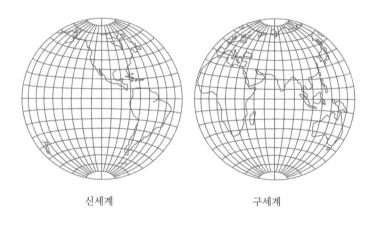

신세계   구세계

그림 37   지구의 두 반구.

우주를 '지도화'하는 일의 딜레마는 세계 지도를 정확히 만들려는 시도에 비유할 수 있다. 좁은 지역을 자세히 나타낸 대축척 지도는 정확해 보일지 몰라도 넓은 지역을 간략히 나타낸 소축척 지도는 왜곡이 심한데, 이는 평면 지도로 굽은 구면을 정확히 나타내기가 불가능하기 때문이다. 어쩌면 우주도 마찬가지인지 모른다. 우리는 지구가 평평하다고 보는 사고방식을 세계적 규모의 측량으로 극복해 냈지만, 평평한 우주를 염두에 두는 경향은 아직 극복하지 못했다.

리만은 굽은 공간이란 개념을 창안하고 곡률 계산법을 설명했을 뿐 아니라, 예의 유클리드 모형과 완전히 다른 우주 전체 모형을 제안하기도 했다. 구체적으로 말하면 그는 우주가 형태상

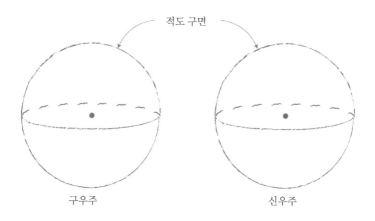

적도 구면

구우주   신우주

그림 38   리만의 우주.

'구면 공간'인 경우에 어떤 특징을 띨지 설명해 주었다. 실제 공간의 곡률이 '일정한 양수'라면 우주가 정말 그런 모양이라고 볼 수 있을 것이다.

리만의 우주를 아주 쉽게 설명하는 한 가지 방법은 지구를 반구 두 개로 나눠 그린 지도를 다시 생각해 보는 것이다. 그런 지도에서 각 반구는 지구의 한 '면'을 나타낸다. 리만의 우주도 그와 비슷한 방식으로 묘사할 수 있다.

지구가 왼쪽 구의 중심에 있다고 상상해 보라. 그 구의 내부는 우주에서 지금 우리가 가장 큰 망원경으로 볼 수 있는 모든 부분에 해당한다. 그리고 그런 망원경의 시야 훨씬 너머에 어떤 문명사회가 있다고도 상상해 보라. 그들은 오른쪽 구의 중심에서 자기네 망원경을 들여다보고 있는데 그 망원경의 시야에는 오른쪽 구의 내부가 모두 들어온다.

여러 가지 가능성을 쉽게 생각해 볼 수 있다. 두 구가 수많은 국지적 우주를 사이에 두고 서로 아주 멀리 떨어져 있을 수도 있다. 아니면 두 구가 겹칠 수도 있을 텐데 그런 경우에는 은하들 중 일부가 두 문명사회 모두에서 보일 것이다. 리만은 또 다른 가능성을 시사한다. 두 구는 서로 겹치지 않으면서 함께 우주 전체를 이룰 수도 있다.

바꿔 말하면, 우리가 망원경으로 볼 수 있는 만큼의 우주를 품은 거대한 구의 외곽 경계면은 또 다른 문명사회가 속하는 '반대쪽' 구의 외곽 경계면이기도 할 수 있다. 그 외곽 경계면은 '적도 구면'[72]으로서 우주를 두 부분으로 가르고 있을 것이다. 한 부분은 우리가 아는 '구우주'이고, 나머지 한 부분은 21세기의 콜럼버스가 탐험하려 할지도 모르는 '신우주'다.

우주에 대한 이런 설명이 믿기지 않는 것까진 아니더라도 부자연스러워 보이는 한 가지 이유는 세계 지도를 정확히 그리려는 시도가 실패로 돌아갈 수밖에 없는 이유와 같다. 지표면이 굽어 있다 보니 우리가 그리는 지도에서는 현실이 왜곡된다. 이를테면 우리는 중심점에서 임의의 점까지 거리가 정확히 나타나도록 자기중심적 지도를 그릴 수 있다. 하지만 그렇게 하면 중심점에서 멀어질수록 동심원의 둘레가 점점 더 많이 왜곡될 것이다. 지표면의 곡률이 양수인 결과로 평면 지도에는 각 원이 지구상의 해당 원보다 크게 나타날 것이기 때문이다. 평면 지도상의 그런 원들은 계속 점점 커지지만, 실제 지구상의 원들은 처음에 커지다가 최대 크기(양반구 지도의 테두리에 해당하는 대원)에 이른 다음 도로 작아지며 대척점으로 수렴해 간다.

리만이 말한 공간 곡률이 실제로 일정 양수라면, 우리 사고 실험의 '광륜'도 똑같은 변화 과정을 거칠 것이다. 그 광륜은 처음에 (평평한 유클리드 공간에서보다 다소 더디게) 점점 커지다가 언젠가 우리 쪽 우주의 외곽 경계면에서 최대 크기에 이를 것이다. 그다음에는 서서히 작아지다 결국 우주의 '반대쪽 끝' 점으로 수렴해 갈 텐데, 우리 지도의 오른쪽 구 중심에 있는 그 점은 우주에서 우리의 '대척점'인 셈이다. 그런 대척점은 우주에서 우리와 가장 멀리 떨어진 점일 것이다. 우주선을 타고 어느 방향으로든 계속 '똑바로' 나아간다면 우리는 언젠가 대척점에 도달할 것이다. 그리고 그 점을 지나 계속 나아간다면 결국 출발점으로 돌아오게 될 것이다.

이 우주 모형에서 리만이 특히 좋아한 점은 이것으로 우주의 '끝'에 관한 오래된 문제가 해결된다는 데 있다. 어떤 철학자들은 우주가 무한히 커서 모든 방향으로 끝없이 이어져 있으리라고 추측했다. 플라톤과 아리스토텔레스에서 뉴턴과 라이프니츠에 이르기까지 같은 문제를 곰곰이 생각해 본 사람들 가운데 상당수는 그 가설을 타당하지 않다고 보며 부정했다. 하지만 다른 가설도 미심쩍긴 마찬가지였다. 우주가 끝없이 이어져 있지 않다면 (평평한 지구처럼) 어딘가에서 끝날 텐데 그 너머에는 무엇이 있단 말인가?

리만의 모형에서는 그런 딜레마가 해결되었다. 그 딜레마는 우주가 평평한 유클리드 공간이라는 가정에 뿌리를 두고 있다. 그런데 만약 우주가 곡률이 양수인 리만 공간이라면 크기가 유한하면서도 '끝'이나 '한계'가 전혀 없을 수 있다. 리만의 모형에서 우주는 어떤 부분이든 모양과 크기가 똑같아 보인다.

리만이 이런 그림을 실세계에 대한 유력한 가설로 처음 내놓았을 때 그것은 그의 '굉장히 풍부한' 상상력에서 나온 산물에 불과하다고 여겨졌을 것이다. 심지어 한 세기 반이 지난 지금도 리만의 생각을 받아들이려면 상상력을 한껏 발휘해야 한다.

많이들 인용하는 다비트 힐베르트의 일화가 하나 있다. 어느 날 그는 어떤 학생이 더 이상 수업에 들어오지 않는다는 걸 알아 차렸다. 그 학생이 수학 공부를 그만두고 시인이 되기로 했다는 말을 전해 들은 힐베르트는 이렇게 대꾸했다. "잘했군. 그 친구 는 수학자가 되기엔 상상력이 부족했지."

시적 상상력과 수학적 상상력이 어우러지는 경우는 드문데, 시인 단테는 리만의 우주관과 놀랍도록 비슷한 생각에 이르렀다. 《신곡》[73]에서 단테는 우주가 두 부분으로 되어 있다고 묘사한다. 한 부분은 중심에 지구가 있고 그 주위를 겹겹이 둘러싼 여러 구 면을 따라 달, 태양, 일련의 행성, 항성 등이 돌고 있다. 그런 가시 적 우주 전체의 경계를 이루는 가장 바깥쪽 구면은 '제1운동자 Primum Mobile'라고 부른다. 그 너머에는 '최고천最高天/Empyrean'이

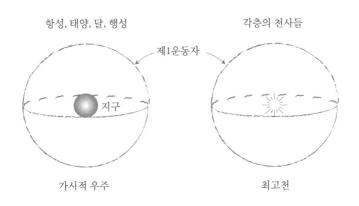

항성, 태양, 달, 행성　　　　　　　각층의 천사들

제1운동자

지구

가시적 우주　　　　　　　　　　최고천

그림 39　단테의 우주.

있는데 단테가 묘사하는 바에 따르면 그것은 또 다른 구다. 그곳에서는 다양한 계급의 천사들이 동심구를 이루며 빙빙 돌고 그 중심의 한 점이 눈부시도록 밝은 빛을 내뿜고 있다.[74]

《신곡》에서 단테는 베아트리체의 안내로 지표면을 떠나 가시적 우주의 여러 구면을 거쳐 제1운동자까지 간다. 그가 거기서 바깥쪽을 내다보니 최고천이란 구가 '들여다'보인다. 제1운동자에서 특정 장소를 선택해야 한다는 내용은 없다. 아마도 어느 곳에서든 밖을 내다보면 최고천이 들여다보이는 듯하다. 바꿔 말하면 우리는 최고천이 어떻게든 가시적 우주를 둘러싸고 있으면서 가시적 우주와 맞붙어 있기도 하다고 봐야 한다. 그렇다면 단테가 말하는 우주는 리만이 말하는 우주와 정확히 일치하는 셈이다.[75] 둘의 차이는 명칭뿐이다.

리만의 생각은 물론 단테의 생각보다 더 '과학적'이다. 질적일 뿐 아니라 양적이기도 하기 때문이다. 리만은 동심구면의 넓이, 원의 둘레 등을 구하는 데 적용할 수 있는 공식들을 제시한다.

단테·리만 우주의 모양은 수학자들이 '구면 공간spherical space' 혹은 '초구hypersphere'[76]라고 부르는 것에 해당한다. 초구는 말하자면 일반 구를 더 높은 차원으로 확장한 것이다. 둘의 유사점은 명확하다. 일반 구면 위의 동심원은 처음에 점점 커지다가 최대 크기에 이른 다음 점점 작아진다. 초구면 위의 동심 '구'(일반 구)도 처음에 점점 커지다 최대 크기에 이른 다음 작아진다. 구면 위에서나 초구면 위에서나 임의의 한 점에서부터 어느 방향으로

든 계속 '똑바로' 나아가면 결국 출발점으로 돌아오게 된다. 게다가 총 이동 거리가 출발점 위치나 이동 방향과 상관없이 일정할 것이다.

구와 초구는 어떤 크기로든 존재할 수 있다. 그 크기는 일주 경로의 총 길이에 따라 결정된다. 일주 경로의 길이는 곡률도 결정한다. 일주 경로가 길수록 곡률이 작으며 공간이 유클리드 공간에 가까워진다.

리만이 구면 공간이라는 개념을 창안하고 그런 공간이 우주의 실제 모양일 수도 있다고 제창한 일은 과학사상 가장 독창적·근본적으로 일반 세계관에서 탈피한 사건으로 꼽힌다. 20세기를 대표하는 물리학자 중 한 명인 막스 보른Max Born[77]은 이렇게 말했다. "유한하면서도 끝이 없는 공간이라는 이 발상은 세계의 본질에 대한 역대 최고의 아이디어로 꼽힐 만하다." 얄궂게도 보른은 그것이 아인슈타인의 아이디어인 줄 알았는데, 이는 아인슈타인이 리만의 구면 공간, 공간 곡률, 굽은 4차원 공간 개념을 자신의 우주론 연구와 접목했기 때문이다. 리만은 이런 개념들은 물론이고 구면 공간의 주요 대안인 '쌍곡 공간'이란 개념도 불과 20대일 때 창안해 냈다(쌍곡 공간 또한 현대 우주론자들의 큰 관심거리다). 그는 1854년 스물여덟 살에 괴팅겐대학교에서 이들 개념을 소개했는데, 지금 돌이켜 보면 바로 그 강연에서 현대 우주론이 탄생했다.

알고 보니 리만은 우주를 제대로 묘사하는 데 꼭 필요한 요소 하나를 아직 찾지 못한 터였다. 그 요소가 발견되려면 반세기가 더 지나 알베르트 아인슈타인이 태어나야 했다.

리만에서 아인슈타인으로 가는 길은 결코 직행로가 아니었다. 첫걸음을 내디딘 사람은 바로 리만 본인이었다. 아직 20대 초반일 때 리만은 전기, 자기, 빛, 중력을 관련짓는 통합된 수학 이론을 전개해 보기로 했다. '통일장 이론'이란 것이 존재할지도 모른다는 생각은 그 자체로 워낙 시대를 한참 앞서 있다 보니 한 세기가 지난 후에 아인슈타인도 그 연구에 말년을 허비했다고 조롱받았다.

리만이 남들만큼 오래 살았더라면 그의 생각이 어떤 방향으로 발전했을지 우리는 결코 알 수 없다. 안타깝게도 이전의 모차르트와 슈베르트처럼 그는 마흔 번째 생일을 맞이하지 못하고 세상을 떠났다. 그런데 그의 생애 마지막 해에 발표된 한 논문은 리만이 아무리 애써도 이해 못 했던 물리 현상에 대한 기존 관념을 크게 바꾸고, 통일장 이론에 대해 리만이 내놓은 전망의 핵심부를 실현하며, 리만과 아인슈타인을 잇는 중요한 연결 고리가 되었다. 그런 발견이 이루어진 극적인 과정은 다음 장에서 이야기한다.

6장

보이지 않는
우주

요즘 시인들은 뭐 하는 사람입니까?
목성이 마치 사람인 것처럼은 잘만 이야기하면서
목성이 메탄과 암모니아로 된
거대한 구형 회전체란 사실에 대해서는
입을 다물 수밖에 없나요?

_ 리처드 파인먼Richard Feynman

시간을 날과 해로 나누는 방식은 지구의 자전과 공전 같은 자연 현상과 부합하지만, 세기라는 개념은 물리적 근거가 전혀 없다. 오히려 그 개념은 인간이 자신의 우연적 신체 구조로 수를 세는 과정에서 파생된 결과다. 만약 인간의 손가락이 원래 한 손에 네 개씩 있다면, 우리는 분명 10 말고 8을 기수로 하는 수 체계를 개발해서 시간의 단위로 10년 대신 8년을, 세기 대신 8×8＝64년을 쓰게 되었을 것이다. 열 손가락에서 비롯한 십진법 자체와 그에 따른 10년, 100년, 1000년 단위의 연대[78]가 뭔가를 체계화할 때 기준으로 삼고 적당한 수식어를 붙이기에 딱 좋다 보니(추잡한 1990년대, 광란의 1920년대, 격동의 1960년대) 우리는 그런 분할이 임의적이란 사실을 잊어버린다. (미국의 실질적인 '1960년대' 문화는 8년 단위 분할법을 적절히 따라 1964년부터 1972년까지 나타났다.) 또 사람들은 마흔 살(이나 서른 살이나 쉰 살)이 되는 것을 두려워하며 특정한 수가 10의 배수라는 이유만으로[79] 그 수에 괜히 의미를 부여하기도 한다.

그럼에도 불구하고 19세기 과학은 독특한 특징을 띠며, 우리가 우주를 '보고' 이해하려 애쓰는 과정에서 중요한 역할을 했다. 1800년[80]에는 두 가지 중대 사건이 일어나, 19세기의 나머지 기간에 상당수의 과학자들이 연구할 주제가 결정되었다. 한 사건은 걸출한 천문학자 윌리엄 허셜William Herschel이 적외선을 발견한 일이었는데, 이듬해인 1801년에는 요한 빌헬름 리터Johann Wilhelm Ritter가 자외선을 발견하기도 했다. 그 결과 과학자들은 빛의 성질을 완전히 새로운 시각에서 보게 되었다. 그들은 빛스펙트럼에서 가시광선의 양쪽 끝에 다른 종류의 빛이 있다는 사실, 이들이 가시광선과 마찬가지로 실재하지만 눈에 안 보여 사람들이 미처 의식하지 못했다는 사실을 깨달았다.

1800년에 일어난 또 다른 주요 과학 사건은 알레산드로 볼타Alessandro Volta가 모든 전지의 전신인 '볼타 전지'를 발명한 일이었다. 비로소 과학자들은 믿을 만한 전원을 이용해 기초 실험을 할 수 있게 되었다. 얼마 후 몇몇 과학자가 전류로 물을 분해하는 실험을 하게 되었는데 알고 보니 물의 구성 원소는 뜻밖에도 수소와 산소라는 두 가지 기체였다. 하지만 발전 속도는 엄청나게 더뎠고, 전기의 본질과 속성을 이해하는 일은 정말 기나긴 과정이었다. 19세기 말에야 전등 같은 것이 실용화되었다. 그 세기의 끝 무렵에는 20세기 과학 기술의 토대가 될 또 다른 갖가지 발견이 이루어지기도 했다. 1885년 하인리히 헤르츠Heinrich Hertz는 방전 현상을 이용해 새로운 종류의 복사파를 발생시켰는데 그것은 나중에 '전파'라고 명명되었다. 뒤이어 몇 가지 놀라운 응용 기술이 장거리 '무선' 통신 형태로 개발되었다. 가장 기이하고 뜻밖인 발견은 단연코 1895년 빌헬름 뢴트겐Wilhelm Roentgen의 X선 발견이었다. 그는 진공 상태인 유리관 내부에 전류가 흐르게 하는 실험을 하다가 어떤 복사파가 유리는 물론이고 원래 불투명한 물질까지 통과해 밖으로 빠져나오고 있다는 걸 알아차렸다. 빅토리아 시대 사람들은 사진에 옷 너머가 찍혀 내장 모양이 흐릿하게,

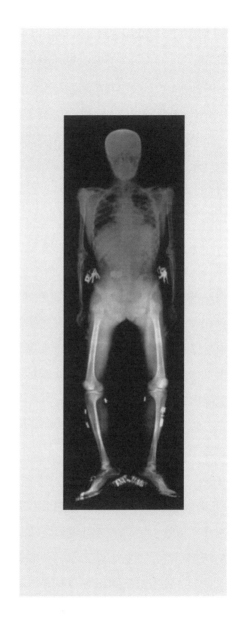

그림 40 최초의 인체
전신 X선 사진. (Deutcshes
Museum, München)

뼈 모양이 뚜렷하게 드러나는 것을 보고 깜짝 놀랐다. 뢴트겐을 비롯한 연구자들은 X선의 의학적 가치를 곧 알아보았고, 그래서 1900년경에는 X선이 의료용으로 널리 쓰이게 되었다. 뢴트겐은 X선을 발견한 공로로 1901년 첫 노벨 물리학상을 받았다.

아마도 그런 발견 자체보다 훨씬 놀라운 것은 X선과 전파가 물리적 실체로서 관찰되기 한참 전에 수학적으로 '발견'되었다는 사실일 것이다. 실은 전파의 존재가 앞서 추정되었기 때문에 헤르츠가 그 존재를 실험으로 확인해 보기로 한 것이었다.

그런 혁신적 발견을 해낸 주인공은 바로 제임스 클러크 맥스웰James Clerk Maxwell이다. 그는 19세기 중엽에 유체학, 전기학, 자기학, 광학 등 주요 물리학 연구 분야 전반을 열심히 고찰하고 있었다. 맥스웰은 강력한 물리적 직관력과 특출한 수학 실력을 발휘해, 갖가지 물리 현상을 나타내는 방정식들을 확립해 냈다. 그의 가장 유명한 업적은 일련의 방정식으로 전기와 자기를 통합한 일이었다.

맥스웰 방정식[81]에는 온갖 전자기 현상을 아우르는 신비로운 힘이 깃들어 있는 듯했다. 그 힘은 200년 전 뉴턴 방정식이 행성 운동 및 기계적 작용과 관련해 보여 줬던 힘만큼이나 신비로웠다. 맥스웰 방정식에는 뜻밖의 새로운 현상을 예측하는 힘도 잠재되어 있었는데, 그중 가장 중요한 것은 '전자기파,' 즉 빠른 속도로 나아가는 전자기 파동이라는 개념이었다. 맥스웰은 전자기 실험으로 얻은 값을 이용해 그런 파동의 진행 속도를 계산해 냈

그림 41　제임스 클러크 맥스웰과 아내 캐서린 메리 듀어. 맥스웰은 이 사진을 찍고 나서 몇 년 후 마흔여덟 살에 요절했다. (University of Cambridge, Cavendish Laboratory)

다. 결괏값은 빛의 속도로 알려진 값에 아주 가까웠다. 그 결과로, 다시 말해 전자기 통일 이론 연구의 부산물로 맥스웰은 빛, 전기, 자기 등을 이론적으로 통합하려던 리만의 계획 중 일부를 무심코 실현하게 됐다. 알고 보니 빛 자체도 전자기파의 일종이었다. 게다가 맥스웰은 또 다른 갖가지 전자기파가 존재할 것이라고, 이들의 진행 속도는 모두 같으나 진동수는 저마다 다를 것이라고 추정하기도 했다. 20년 후 맥스웰의 추정 내용을 실험으로 확증한 하인리히 헤르츠는 새로운 물리 현상을 예측하는 맥스웰 방정식의 신비로운 능력을 이렇게 칭송했다. "이 수학 공식들이 독립적으로 존재하며 제 나름대로 지능을 갖춘 듯하고, 이들이 우리보다 심지어 발견자보다도 지혜로우며, 우리가 처음에 거기 집어넣은 것 이상을 거기서 뽑아내는 듯하다는 생각이 들지 않을 수 없다." 맥스웰이 자신의 연구 성과에 대해 직접 내린 평가는 1865년 초에 쓴 편지에서 좀 더 간결하게 표현되었다. "또 논문을 한 편 제출해 두기도 했는데, 전자 광학 이론을 담은 논문이라네. 나중에 생각이 바뀔 수도 있지만, 지금 생각하기엔 대성공작 같네."[82]

맥스웰과 헤르츠를 비롯한 당대인들은 훗날 그 몇몇 방정식을 바탕으로 라디오, 텔레비전, 레이더 산업 등의 무수한 과학 기술 응용 분야가 발전하리라고는 꿈에도 생각지 못했을 것이다.

X선도 알고 보니 전자기파의 일종이었다. 과학자들은 그 밖의 마이크로파와 감마선 같은 전자기파를 발생시키는 방법도 조금

씩 알아냈다. 하지만 아마 가장 놀라운 사실은 그런 온갖 전자기파가 태곳적부터 줄곧 우주 공간에서 지구 대기권을 뚫고 들어와 사방에서 우리에게 쏟아지고 있었다는 20세기의 발견이었을 것이다. 우리는 별난 생리적 특성 때문에 그런 파동 중 극히 일부분만 가시광선의 형태로 직접 감지한다. 나머지 온갖 파동을 탐지하고 가시·가청적 형태로 전환하려면 특수한 기기가 필요하다.

20세기 중반에 그로트 레버Grote Reber는 "우주 잡음Cosmic Static"이란 논문을 발표해 천문학의 새로운 시대[83]를 열었다. 레버는 직접 제작한 전파 망원경을 일리노이주 휘턴[84]의 자기 집 뒤뜰에 설치해 놓고는 '우주 잡음,' 즉 우주 공간에서 온 전파의 세기에 근거해 그곳 하늘의 '등고선 지도'를 만들었다.

20세기 후반의 천문학 발달사는 적외선, 자외선, X선, 마이크로파 등의 온갖 복사파를 '보기' 위한 새로운 관측 기기의 개발과 밀접히 관련되어 있다. 그런 기기 덕분에 우리는 우주를 완전히 새로운 시각에서 보게 되었다. 가시광선의 범위에서 눈에 익은 천체도 적외선 망원경 같은 특수 망원경으로 보면 완전히 새로운 양상을 띤다. 오늘날 천문학자는 은하, 퀘이사, 블랙홀 등의 심우주deep universe 천체를 가시광선의 범위에서만 관측해야 한다면 눈가리개를 한 기분일 것이다. 얼마 전부터 하늘에서 가시 스펙트럼 내의 어느 천체와도 부합하지 않는 전파원과 X선원들이 극적으로 발견되었다. 어떤 천체를 종합적으로 묘사하려면 최대한 넓은 파장 범위에서 여러 가지 이미지를 얻어야 한다.

하지만 관찰과 관측은 대상을 이해하는 과정의 첫걸음에 불과하다. 인류는 은하수를 수천 년간 지켜본 후에야 그것이 저마다 태양 못지않게 밝은 무수한 항성으로 구성된 거대한 소용돌이형 회전체의 옆모습이란 사실을 깨달았다. 우주를 종합적으로 파악하려면 여전히 기하학적 틀이 필요하다. 이 틀을 이용하면 19세기의 여러 발견과 20세기의 과학 기술 덕분에 얻어 낸 풍부한 관측 결과를 통합하고 해석할 수 있다.

7장

우리가 볼 수 있는
우주

수학이 드러내거나 밝혀 주는 관념의 세계,
그것이 불러일으키는 신성한 아름다움과
질서에 대한 사색, 그 부분들이 이루는 조화로운
관계, 그와 관련된 진리들의 무한한 체계와 확고한
증거 등등은 수학이 인간의 관심을 받을 만한
더없이 확실한 이유다.
이는 설령 우주의 설계도가 우리 발밑에
지도처럼 펼쳐지고 인간의 정신이 천지 창조
계획을 한눈에 다 이해할 수 있게 되더라도
여전히 의심받지 않고 손상되지 않을 것이다.
_ 제임스 조지프 실베스터James Joseph Sylvester(19세기 영국 수학자)

단테와 고대 문명인은 물론이고 비교적 최근의 근대 문명인도 별이 마치 신전 천장을 장식하는 수많은 보석처럼 천구면에 흩어져 있다고 생각했다. 우리가 별이 총총한 밤하늘을 올려다볼 때 눈에 보이는 것을 해석하는 방식이 크게 달라진 것은 세 가지 깊은 통찰 덕분이다.

첫째 통찰은 북두칠성 같은 별자리를 이루는 별들이 모두 한 면 위에 펼쳐져 있는 것이 아니라 저마다 지구와의 거리가 천차만별인 곳에 있다는 깨달음이었다. 우리 마음의 눈에 맺히는 상은 멀리서 본 도시의 스카이라인처럼 하나의 배경막에 그려져 있는 듯이 보이지만, 실제 별들은 3차원 공간에 흩어져 퍼져 있다. 이들은 우주 공간이나 우리 은하의 다른 별에서 보면 사뭇 달라 보일 것이다. 예컨대 쌍둥이자리의 '쌍둥이' 카스토르Castor와 폴룩스Pollux는 지구에서 보면 '쌍둥이' 답게 밝기가 거의 똑같아 보이지만, 사실은 카스토르가 폴룩스보다 훨씬 멀리 떨어져 있는데 두 배로 밝게 빛나서 비슷한 밝기로 보이는 것이다.

지구와의 거리가 별마다 다를지도 모른다는 생각은 오래된 생각이었지만, 실제 해당 거리가 워낙 멀다 보니 천문 기기의 정밀도가 어느 수준에 이르기 전에는 거리 차이를 측정하기는커녕 확인할 수도 없었다. 1838년에 가서야 천문학자 겸 수학자 프리드리히 빌헬름 베셀Friedrich Wilhelm Bessel이 지구가 6개월 주기로 공전 궤도의 한쪽에서 다른 쪽으로 넘어간다는 사실을 이용해 비교직 지구에 가까운 한 항성의 겉보기 운동을 탐지해 냈다. 지

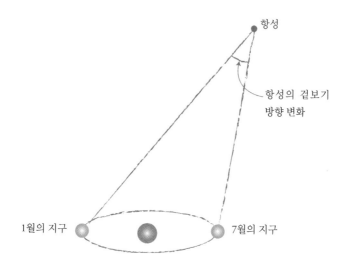

항성

항성의 겉보기
방향 변화

1월의 지구　　　　　　　　　　　　7월의 지구

그림 42　　　항성의 겉보기 방향이 달라지는 현상을 이용하면 항성과 지구 사이의 거리를 계산할 수 있다. (이 그림에는 방향 변화량이 실제보다 훨씬 크게 나타나 있다.)

구 궤도의 너비를 바탕으로 닮은꼴 삼각형의 성질을 간단히 응용하면 그 항성까지의 거리를 쉽게 추산할 수 있었다.

하늘에 관한 둘째 주요 통찰은 지구와의 거리가 별마다 다르고 빛의 속도가 유한하므로 우리에게 보이는 항성들의 빛이 저마다 다른 어느 과거 시점에서 비롯했으리라는 깨달음이었다. 우주 공간을 내다보는 일은 곧 과거를 되돌아보는 일이다. 항성까지의 거리가 멀수록 관찰자는 시간을 더 거슬러 올라가게 된다. 지구상 거리와 항성까지 거리의 차이가 워낙 크다 보니 마일이나 킬로미터를 쓰면 불편하다. '근거리' 항성들도 수백조 킬로미터 떨어진 곳에 있다. 항성까지의 거리를 나타낼 때는 빛이 1년간 나아가는 거리를 단위로 삼는 것이 더 편리하다. 그러면 가장 가까운 항성은 지구에서 약 4'광년' 떨어져 있다고 표현할 수 있다. 1광년은 대략 10조 킬로미터(10^{13}km)다.

가장 뜻밖인 셋째 발견은 20세기에 가서야 이루어졌다. 알고 보니 우주는 늘 생각해 왔듯이 정적인 상태가 아니라 빠르게 팽창하는 중이었다.

우주 팽창 현상의 발견과 간접으로 관련된 역설적인 이야기가 하나 있다. 그 발견이 이뤄지기 몇 년 전인 1912년에 독일의 기상학자 알프레트 베게너Alfred Wegener는 지구의 지리 또한 계속 변화하고 있다는 학설을 내놓았다. 그는 이를 '대륙 이동설'이라 일컬었다. 우주 팽창설이 널리 인정되며 호평받고 나서 한참 후에도 베게너의 학설은 조롱을 받았다. 베게너가 죽고 30여 년이 지나 1960년대가 되어서야 대륙 이동 현상과 그 원리가 기록되고 측정되었다.

우주 팽창 현상이 발견된 것은 에드윈 허블Edwin Hubble[85] 덕분이라고 여겨질 때가 많다. 1929년 허블은 먼 은하들이 거리에 비례하는 속도로 멀어지고 있다는 관측 증거를 내놓았다. 하지만 실제 발견 과정은 이와 상당히 다를 뿐 아니라 훨씬 흥미진진하기도 하다. 이것은 1917년부터 1929년까지 10여 년에 걸쳐 일어난 이론과 관측의 멋진 상호 작용[86]에 대한 이야기다. 우주가 팽창한다는 첫 실마리[87]는 1917년 아인슈타인과 네덜란드 천문학자 빌럼 더 시터르Willem de Sitter[88]가 각자 발표한 우주론 논문에 들어 있었다. 두 논문 모두 2년 전인 1915년 아인슈타인이 세운 일반 상대성 이론에 바탕을 두었다. 아인슈타인은 일찍이 중력의 작용 방식을 나타내는 몇 가지 방정식을 적어 놓았는데, 나중에 그런 방정식을 우주 전체 연구에 적용하려다 이들이 정적 우주와 부합하지 않는 듯하다는 점을 깨달았다. 당시에는 우주가 정적이지 않다는 증거가 전혀 없었기에 아인슈타인은 그 방정식에 원래 없던 항을 하나 추가하고서 해를 구해 정적 우주 모형을 만들어 냈다. 더 시터르도 아인슈타인 방정식을 풀었으나 성격이 다른 해를 얻었다. 그 해의 한 측면에 따르면 먼 은하들은 거리에 비례하는 속도로 멀어지는 것으로 보여야 했다. (1930년 허블은 더 시터르에게 쓴 편지에서 더 시터르가 거둔 이론적 성과의 가치를 인정했다. "성운의 속도 거리 관계가 존재할 수도 있다는 이야기는 수년 전부터 나돌았지요. 선생님이 그 가능성을 처음 언급하셨다고 알고 있습니다.")

1917년과 1929년 사이에 일련의 이론·관측적 진보가 이뤄지면서 학계 전반의 의견이 우주 팽창설을 긍정하는 쪽으로 점차 기울어 갔다. 주요 관련 인물 중 한 명인 미국 천문학자 베스토 슬라이퍼Vesto Sliper는 1912년에 이미 은하 속도를 측정하는 일에 착수했다. 1922년까지 그는 은하 41개에 대한 데이터를 모았는데, 몇몇 가까운 은하를 제외하면 모두 우리 은하에서 멀어지는 것으로 보였다.

같은 해에 러시아의 뛰어난 과학자 알렉산드르 프리드만 Alexander Freidmann[89]은 (아인슈타인이 정적 우주 모형을 만들려고 추가한 항이 없는) 원래 아인슈타인 방정식의 해를 구했다. 그 해에 따르면 우주는 팽창할 수도 있고 수축할 수도 있다. 이듬해에 당대 독일 최고의 수학자 헤르만 바일Hermann Weyl[90]은 상대성 이론을 바탕으로 우주론에 대한 새로운 접근법을 고안했다. 그 접근법은 은하들이 거리에 비례하는 속도로 멀어짐을 암시하는 관계로 직결되었다.

그렇게 온갖 논의가 오갔지만 거기에는 먼 은하까지의 거리를 측정하는 믿을 만한 방법이 빠져 있었다. 바로 그 문제가 1920년대 허블이 힘을 가장 많이 쏟은 곳이었다. 당시 세계 최고 성능의 관측 기기였던 캘리포니아주 윌슨산의 지름 100인치(약 2.5미터) 망원경을 사용한 허블은 1923년에 처음으로 주요한 발견을 했다. 안드로메다은하에서 세페이드 변광성Cepheid variable이라는 중요한 종류의 항성을 하나 식별해 낸 것이다. 세페이드 변광성은 당시 천문 거리를 나타내는 매우 믿을 만한 지표 중 하나였다. 1923년 허블이 발견한 것은 우주 팽창 문제를 해결하는 첫걸음이 되는 동시에 더욱더 근본적인 다음 문제를 해결하는 마지막 단서가 되었다. 우주의 기본 구성 요소는 무엇인가? 이전 10년간 우리 은하의 크기가 얼마나 되는지, 우리 은하가 관측 가능한 우주 전체를 포함하는지에 대해 열띤 논쟁이 종종 크게 벌어져 온 터였다. 논쟁의 초점은 망원경 성능이 갈수록 좋아지면서 점점 더 많이 발견되고 있던 '성운'이란 흐릿한 발광체였다. 우리 은하의 크기와 성운까지의 거리를 알아내기가 대단히 어렵다 보니, 성운들이 모두 우리 은하 안에 있는가 아니면 일부 성운은 꽤 먼 곳에 있으며 제 나름대로 여러 항성이나 은하로 이뤄진 '섬 우주island universe'에 해당하는가 하는 문제는 미해결 상태로 남아 있었다. 1918년 이전에 천문학자들은 우리 은하의 크기를 엄청나게 과소평가했다. 1918년 우리 은하가 전에 생각했던 것보다 몇백 배 크다고 처음 공언한 사람은 바로 미국의 천문학자 할로 섀플리Harlow Shapley[91]였다. 우리 은하의 대략적 크기와 모양에 대한 그의 견해는 이후 사실로 확인되며 널리 받아들여졌다. 하지만 우리 은하의 수수께끼를 푸는 데 성공한 결과로 섀플리는 외부 은하 문제에 대해선 잘못 판단하게 됐다. 그는 증거를 따져 본 후 일부 사람들과 마찬가지로 성운들이 모두 우리 은하 안에 있다고, 즉 우리 은하가 곧 우주 전체라고 믿게 됐다.

그래서 한동안 우주가 팽창하고 있는가 하는 문제는 사람들이 바로 그 우주의 본질을 제대로 파악하지 못한 탓에 더 다루기 어려워졌다. 그러다 1923년 허블이 당시 '안드로메다 성운'이라 불리던 천체가 우리 은하 한참 밖에 있다는 걸 알아내면서 우주의 본질 문제는 사실상 해결되었다. 그것은 아마추어 천문학자들에게도 중요한 일이었다. 안드로메다자리의 그 흐릿한 유명 발광체가 북반구에서 맨눈에 보이는 천체 중 최초로 (유일하게) 우리 은하 밖에 있는 것으로 밝혀졌기 때문이다.

1923~1929년에 허블은 이어서 다른 은하 23개까지의 거리를 확정하고 또 다른 은하 21개까지의 거리를 최대한 정확히 추정했다. 같은 기간에 주요 우주론자인 벨기에의 조르주 르메트르George Lemaître와 미국의 하워드 로버트슨Howard Robertson[92]은 각자의 논문에서 우주가 아인슈타인 방정식대로 팽창하면 먼 은하들이 거리에 비례하는 속도로 멀어지기 마련이란 걸 증명해 보였다. 몇몇 은하까지의 거리를 비교적 정확히 구한 허블은 그런 수치를 전에 베스토 슬라이퍼 등이 구한 속도와 비교해 속도 거리 관계(이른바 허블의 법칙)를 확고한 토대 위에 올려놓았다.

아마도 뉴턴이 만유인력의 법칙을 세운 이후로 그만큼 단순한 물리 법칙이 이토록 놀라운 일련의 결과로 이어진 적은 한 번도 없었을 것이다. 허블의 법칙 때문에 우리는 우주의 진화에 대한 생각뿐 아니라 지금 보고 있는 것에 대한 생각도 완전히 바뀌었다. 사실 둘은 불가분의 관계에 있다. 우리가 지금 보는 것이 곧 우주의 과거 역사이기 때문이다. 그 존재의 종잡기 어려운 기하학적 구조를 묘사하려면 거기에 이름을 붙여 주는 게 좋겠다. 그것을 '레트로버스retroverse'[93]라고 부르자. 그것은 우주universe 전체 가운데 우리가 특정 시간에 특정 장소(지구)에서 내다보며(되돌아보며) 관측할 수 있는 부분이다. 그리고 우리는 그것을 '관측'할 때 온갖 기기로 가시광선, 자외선, 적외선, 마이크로파, 전파, X선, 감마선 등 스펙트럼 전 범위를 망라해 다룰 수 있다. 문제는 이것이다. 우리가 관측하는 대상은 실제로 어떤 모양을 띠고 있는가?

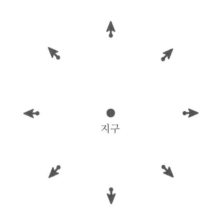

그림 43   지구와의 거리가 같은 은하들은 같은 속도로 멀어지고 있다.

레트로버스의 기하학적 구조는 어떤 것인가?

이 문제에 답하려면 허블 법칙을 좀 더 자세히 살펴봐야 한다. 그 법칙에서는 먼 은하들이 거리에 거의 비례하는 속도로 우리에게서 멀어지고 있다고 말한다.

허블 법칙의 내용은 다음 세 부분으로 나눌 수 있다.

1. 다른 은하들은 우리에게서 멀어지고 있다.

2. 이들이 멀어지는 속도는 거리에 따라 다르다.

3. 그런 후퇴 속도와 거리의 비는 일정하다(이를 '허블 상수'라 부른다).

첫 두 항목의 실질적 의미를 이해하기 위해, 몇몇 은하가 모두 지평면 근처에 있으며 우리와의 거리가 거의 같다고 상상해

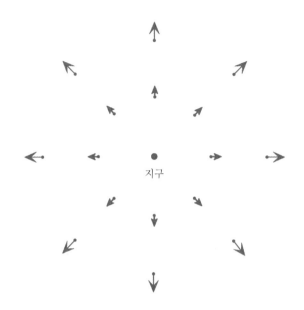

지구

그림 44   바깥쪽 은하들은 안쪽 은하보다 두 배로 더 빨리 지구에서 멀어지고
있다.

보자. 허블 법칙의 둘째 항목에 따르면 이들은 모두 거의 같은 속
도로 우리에게서 멀어지고 있다.

셋째 항목에 따르면 그런 은하보다 두 배로 더 멀리 있는 은
하들은 두 배로 더 빨리 멀어지고 있다.

그렇다면 안쪽 은하와 바깥쪽 은하 사이의 거리 또한 우리
와 안쪽 은하 사이의 거리와 똑같은 속도로 증가하고 있는 셈이
다. 또 그 너머에도 많고 많은 은하들이 그렇게 고리 모양의 대형
을 이루며 같은 간격으로 겹겹이 늘어서 있다면, 각 고리가 바로

지구

그림 45   시간을 거슬러 올라가면 은하들이 서로 가까워질 것이다.

안쪽의 이웃 고리보다 얼마간 빨리 멀어져서 고리들의 간격이 모두 같은 속도로 증가하고 있을 것이다.

그러므로 허블의 법칙에 뒤따르는 첫째 결론은 그 법칙이 언뜻 보면 우리와 나머지 은하들의 관계에만 적용되는 듯하지만 실은 그런 나머지 은하들 역시 똑같이 서로 멀어지고 있음을 암시하기도 한다는 것이다. 바꿔 말하면 다른 은하에 있는 관측자들도 자기네 은하를 중심으로 우주를 연구하다 보면 우리가 발견한 것과 똑같은 '법칙'에 도달할 것이라는 이야기다.

허블 법칙에 뒤따르는 가장 극적인 결론은 우리가 어떻게 지금 위치에 이르렀는지에 대해 그 법칙이 말해 주는 내용이다. 그냥 '허블 테이프'를 역방향으로 재생해 보라. 미래로 갈수록 증가하는 은하 간격은 과거로 갈수록 감소할 것이다. 과거에는 은하들이 이루는 각각의 고리가 지금보다 우리에게 더 가까이 있었을 것이다. 시간을 거슬러 올라갈수록 그 고리들은 더 가까워질 것이며 더 빨리 우리에게 다가오는 것으로 보일 것이다.

1929년에 허블이 내놓은 증거는 비교적 가까운 몇몇 은하에 국한된 것이었다. 하지만 그 이후 학자들은 수많은 관측 결과로 측정 자료를 확장하고 개선하며 속도 거리 관계의 대체적 정확성을 입증했다. 지금 최대한 정확히 추정한 바에 따르면,[94] 10억 광년 떨어진 은하들은 연간 1/20광년 정도의 속도로 우리에게서 멀어지고 있다. 일단 그 속도가 시간의 흐름 속에서 변해 왔을 이유가 없다고 가정하면, 그런 은하들은 과거로 거슬러 올라가는 경우 해마다 1/20광년씩 가까워질 것이다. 결국 10억 광년 떨어진 곳에 이르렀다면 이들은 약 200억 년 전에 우리의 출발점과 똑같은 곳에서 출발했을 것이다! 20억 광년 떨어진 은하들은 두 배로 빨리, 즉 연간 1/10광년의 속도로 멀어지고 있는데, 과거로 거슬러 올라가는 경우엔 해마다 그만큼씩 가까워질 것이다. 이들은 200억 년 전에 같은 곳에서 출발해 해마다 1/10광년씩 멀어진 결과로 20억 광년 떨어진 현재 위치에 이르렀을 것이다.

바로 그런 식으로 생각하면 속도가 거리에 비례한다는 사실은 다음과 같은 놀라우면서도 명백한 결론으로 이어진다. 우리가 관측할 수 있는 모든 은하, 즉 레트로버스 전체가 우리 은하의 출발점과 같은 곳에서 약 200억 년 전에 출발했을 것이다. 달리 말하면 우리 우주를 (우리가 최대한 정확히 추정한) 현재 위치와 속도에서 역행시키면 약 200억 년 전의 과거에 모든 것이 함께 붕괴되는 장면이 나타나리라는 얘기다.

우리 추론에서 좀 더 자세히 살펴볼 만한 부분이 몇 가지 있지만, 그러기 전에 먼저 이런 분석에 뒤따르는 또 다른 결론부터 살펴보자.

첫째, 200억 광년 넘게 떨어져 있는 것은 '아무것도 없다.' 200억은 큰 수이긴 하지만 분명 유한하다. 우주가 유한한가 아니면 무한한가 하는 오래된 문제에는 명쾌한 답이 있다. (현재의 모든 증거가 말해 주듯) 허블의 법칙이 성립한다면 우주는 유한하다. 우주의 크기에는 명확한 한계가 있다.

물론 여기서 '우주'란 관측 가능한 우주, 즉 레트로버스를 말한다. 우주에서 '저 바깥' 어딘가에 있을지 모르나 우리가 관측 못하는 부분에 대해서는 그런 문제를 제기하는 것이 가당키나 한지도 분명치 않다. (아무튼 우리는 다음 장에서 그런 문제를 제기해 볼 것이다.)

둘째, 레트로버스에서 지평면을 따라 펼쳐진 부분의 그림을

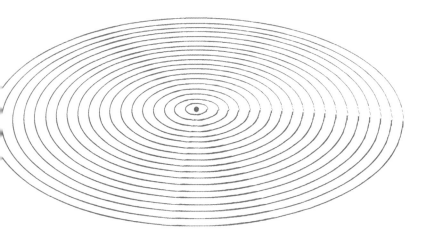

그림 46   은하들이 이루는 각각의 고리는 지구에서 10억 광년씩 더 떨어져 있다.

다시 보라. 우선 은하들이 이루는 여러 겹 고리를 10억 광년 간격의 동심원으로 생각해 보자.

그림 46에서 맨 바깥의 고리는 무엇을 나타낼까? 우리 관측 대상 중 어느 것도 200억 광년 넘게 떨어져 있을 리 없으므로, 이 그림에는 고리가 정확히 20개 있고, 맨 바깥 고리에 속하는 천체들은 모두 200억 광년 떨어진 곳에 있을 것이다. 우리가 받는 그곳의 빛을 비롯한 온갖 복사파는 200억 년 전에 방출되었다. 그런데 200억 년 전에는 관측 가능한 모든 천체가 하나의 점을 이루고 있었다. 그렇다면 이 그림에서 맨 바깥 고리는 분명 우주의 한 점에 해당할 것이다.

여기서 우리는 한 가지 모순에 직면하는 듯하다. 그림에서 은하들이 이루는 고리는 우리에게서 멀어질수록 커지는 것으로 보이지만, 맨 바깥 고리는 사실상 쪼그라들어 한 점을 이루고 있어야 마땅하다. 그러나 이것은 표면적 모순에 불과하다. 이것이 모순으로 보이는 까닭은 이 그림을 그릴 때 쓰인 축소 비율이 일정할 것이라고 내심 넘겨짚었기 때문이다. 사실 이 그림에는 우리 은하에서 나머지 은하들까지의 거리가 정확히 나타나 있는데, 이는 중심과 맨 바깥 고리를 잇는 각 선분을 따라서는 축소 비율이 일정하다는 뜻이다. 게다가 각 은하의 방향도 정확히 나타나 있다. 하지만 거리와 각도는 중심점을 기준으로 삼았을 때만 정확하다. 원거리 은하들 사이의 거리는 많이 왜곡되었을 것이다.

이런 속성을 보면 우리가 지구 표면의 지도를 그리려다 봉착한 상황이 절로 떠오른다. 이 그림은 바로 2장에서 '지수 사상' 혹은 '자기중심적 지도'라고 부른 것에 해당한다. 거기 나온 지도에서 맨 바깥 원이 지구상의 한 점(지도 중심점의 대척점)을 나타냈듯이, 여기서 은하 지도의 맨 바깥 고리는 우주의 한 점, 즉 지금 우리가 관측하는 모든 대상이 200억 년 전에 모여 있던 점을 나타낸다. 표면적 모순이 해결되려면, 우리가 지평선을 따라 사방팔방으로 내다볼 때 보이는 만큼의 우주가 도식적으로라도 구와 같은 모양을 띠고 있으면 된다. 우리 '지도'의 비율이 중심선을 따라서는 정확하므로, 맨 바깥에서 둘째 고리 위의 점들은 모두 맨 바깥 고리 위의 점까지 거리가 일정하다. 그런데 맨 바깥 고리 전

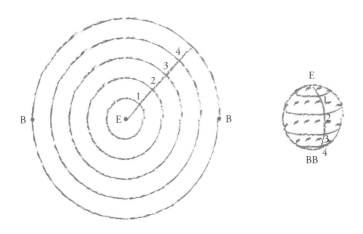

그림 47   은하들이 이루는 겹겹의 고리는 자기중심적 지도 위에선 왼쪽과 같이
나타나고 구면 위에선 오른쪽과 같이 나타난다.

체가 한 점(그림 47에서 BB로 표시한 점)에 해당하므로, 그림에 나타나
있듯 그 이웃 고리는 정말 BB까지 거리가 일정한 모든 점에 해당
한다. 마찬가지 이유로 맨 바깥에서 셋째 고리는 BB까지 거리가
그 두 배인 모든 점에 해당한다.

하지만 진짜 모양은 순무나 서양배에 더 가까울지도 모른다.
그림 48에서도 자기중심적 지도에 상응하는 조건이 모두 충족된
다. 우리로서는 정확한 모양이 어떤 것인지를 직접 알아낼[95] 도리
가 없다. 우리는 해당 천체가 '우리에게서' 얼마나 멀리 떨어져 있
는지만 측정할 수 있기 때문이다. 하지만 전체 그림은 명확하다.

또 이런 모순도 있을 수 있다. 허블 법칙에 따르면, 은하들이

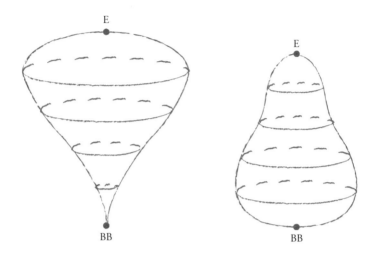

그림 48

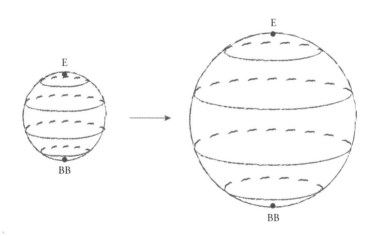

그림 49　앞서 나온 구의 지금 모습과 나중 모습.

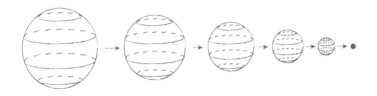

그림 50　앞서 나온 구가 시간을 거슬러 올라가며 변화하는 모습.

겹겹이 이루는 고리 위의 점들은 저마다 거리에 비례하는 속도로 우리 은하에서 멀어지고 있다. 구면 위의 점 BB에 해당하는 맨 바깥 고리는 어떻게 오른쪽으로 멀어지는 동시에 왼쪽으로도 멀어질 수 있을까?

답은 간단하다. 구(혹은 순무나 서양배)의 표면 전체가 풍선처럼 팽창하고 있는 것이다. 그래서 우리 위치(E)에서 BB까지의 거리는 '모든 방향으로' 증가하고 있다(그림 49).

그런 상황을 또다시 과거로 역행시키면, 풍선이 수축해 결국 하나의 점이 되는 모습을 그려 볼 수 있다(그림 50).

이 이야기의 요점은 레트로버스의 이 부분이 정확히 어떻게 생겼든지 간에 그 모양이 평평한 유클리드 기하학적 구조는 아니라는 것이다. 만약 그 모양이 평평하다면 앞서 나온 자기중심적 지도는 실제 형태를 일정 비율로 축소해 그린 그림일 것이다. 하지만 그런 지도에서 은하들의 동심원이 점점 커지기만 하는 데 반해 실제 우주에서는 동심원이 처음에 커지다가 어디선가부터 점점 작아져 결국 한 점으로 수렴해 간다. 이런 속성은 곡률이 양수라는 확실한 징표다. 이리하여 우리는 허블 법칙에 뒤따르는 일차 결론 가운데 마지막에 이르렀다. 레트로버스는 유클리드 기하학적일 리가 없다. 레트로버스에는 리만이 말하는 의미에서 곡률이 양수인 곳이 적어도 어느 정도는 있을 것이다.

레트로버스 전체의 모습을 그릴 때도 위와 같은 추론 과정을 밟아 가면 된다. 단 이번에는 지평선을 따라서만 내다보지 말고 모든 방향으로 내다보자. 그러면 10억 광년 떨어진 구면 위에 있는 은하들이 모두 연간 약 1/20광년의 속도로 우리에게서 멀어지고 있다는 걸 알게 될 것이다. 두 배로 더 멀리 떨어진 은하들은 그 두 배 속도로 멀어지고 있고, 나머지 은하들도 다 그런 식이다. 그렇다면 앞서와 마찬가지로 가상으로 시간을 되돌릴 경우 각각의 그런 구면들과 그 사이사이의 모든 것이 약 200억 년 전 특정 순간의 한 점으로 수렴해 갈 것이다. 지금 우리에게 보이는 것 ― 모든 방향으로 멀어지는 은하들 ― 은 상상도 못 할 만큼 엄청난 규모의 대폭발, 즉 전설적인 빅뱅의 여파로 볼 수 있다. 그것 말고도 상상도 못 할 것이 또 있다. 관측 가능한 우주 전체의 모든 물질이 한때 좁쌀만 한 구로 압축되어 있었다는 점이다. 하지만 증거가 말해 주는 바에 따르면 그것이 사실이다. 그러므로 은하들이 이루는 겹겹의 구면을 차례차례 되돌아보면, 구면이 처음엔 점점 커지지만 빅뱅 쪽으로 시간을 더 거슬러 올라가다 보면 언젠가부터 도로 작아질 것이다. 따라서 우리는 레트로

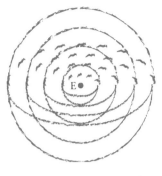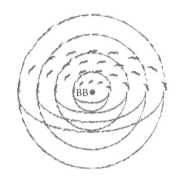

그림 51　초구 모양의 레트로버스.

버스 전체를 이등분해서 그려 볼 수 있다. 한쪽 절반에서는 지구를 중심으로 하는 동심구면이 점점 커지고, 나머지 절반에서는 동심구면이 점점 작아져 빅뱅 쪽으로 수렴해 간다. 두 부분을 합쳐서 생각하면 이들은 우리가 앞서 접해 본 '초구'라는 기하 도형에 해당한다. 그림 51은 5장에서 이야기한 단테의 우주 그림(그림 39)과 소름 끼치도록 닮았다. 빅뱅이 있는 곳은 바로 단테가 강렬한 빛을 내뿜는 점이 있다고 묘사한 곳과 같다.

　　논의를 더 전개하기 전에 이 문제를 짚고 넘어가는 것이 좋겠다. 지금까지 우리가 세운 가정 가운데 오해를 불러일으켰을 만한 가정, 결론을 무효화할 만한 근거 없는 가정이 있지는 않을까?

　　답은 그렇기도 하고 아니기도 하다는 것이다. 우리는 실제로 몇 가지 가정을 근거 없이 세웠다. 하지만 각각의 세부 사항을 어느 정도 수정할 필요가 있긴 해도 그런 가정들 때문에 전체 그림이 달라지지는 않는다.

가장 기본적인 첫째 가정은 허블의 법칙이 옳다는 것이다. 은하들이 몇십억 광년이란 천문학적 간격으로 따로따로 떨어져 있으며 각 은하의 이동 속도가 계속 변하는 가운데 한 은하의 빛이 다른 은하에 가서 닿는다는 점을 고려하면 '거리'와 '속도'란 개념을 분명히 정의하기도 어려워진다. 지금 물리학자들 중 대다수는 허블 법칙이 옳다고 확신하지만, 몇몇은 아직 그 법칙을 의심하고 있다. 그러므로 우리는 여기서 얘기한 시나리오를 현재의 증거에 따르면 가장 그럴듯한 시나리오로 여기고, 새로운 관측 결과나 해석이 나와 그 내용이 많이 수정될 가능성을 염두에 두어야 한다. 하지만 우리가 허블 법칙에서 이끌어 낸 주요 결론, 즉 우주가 빅뱅 같은 사건에서 기원했다는 결론은 몇 가지 꽤 유력한 물적 증거[96]로 뒷받침할 수 있다.

우리가 세운 둘째 가정은 우주의 나이를 추산할 때 이야기했듯 은하들이 우리에게서 멀어지는 속도가 그동안 변하지 않았다는 것이다. 이것은 정말 근거 없는 가정이다. 은하들 사이의 중력이 어느 정도 제동 작용을 해서 우주의 팽창 속도가 느려지고 있을 가능성이 크기 때문이다. 바꿔 말하면 아마도 과거에는 은하들이 멀어지는 속도가 현재 관측되는 속도보다 빨랐을 것이다. 이를 감안하고 우주를 과거로 역행시키면, 우주의 전체 그림은 변하지 않지만, 현시점과 빅뱅의 간격은 짧아진다. 최근에 추산한 바에 따르면 우주 나이는 200억 년이라기보다 100억 내지

120억 년, 많아야 150억 년 정도다.[97]

  셋째 가정은 우리가 은하의 후퇴 속도와 관련해 허블 법칙을 논하면서 암묵적으로 세운 것이다. 그때 우리는 마치 허블 법칙이 현재부터 태초에 이르기까지 모든 시점에 적용되는 것처럼 이야기했다. 하지만 이는 사실이 아니다. 우리가 은하를 직접 관측할 수 있는 범위는 빅뱅 쪽으로 90퍼센트 정도 거슬러 올라간 시점까지다. 몇 년 안에 새로 도입될 각종 기기에 크게 기대하는 점 가운데 하나는 이들을 이용하면 현재 기술로 관측 가능한 범위 너머의 먼 우주를 탐구할 수 있게 되리라는 것이다. 우리가 정확히 무엇을 발견하게 될지는 불확실하지만, 우리가 새로 발견할 은하가 그리 많지 않으리라는 것은 거의 확실하다. 그 이유는 우리 우주 그림의 전개 과정에서 매우 역설적인 부분 중 하나다. 먼 은하들의 겉보기 운동을 관측해서 세운 허블 법칙은 특정 거리 너머엔 은하가 하나도 '존재'하지 않는다는 결론으로 이어진다. 그 이유는 빅뱅 시나리오에 뒤따르는 물리학적 결론과 관련되어 있다. 우리가 지금까지 얘기해 온 순수 기하학적 결론과는 무관하다. 시간을 역행시켜 은하들의 간격이 줄어들게 하면 우주의 평균 온도가 높아질 수밖에 없다. 과거로 더 멀리멀리 거슬러 올라가다 보면, 온도가 너무 높아서 은하뿐 아니라 은하의 각 항성을 이루는 원소들도 존재할 수 없는 시점에 이르게 된다. 그때 각 원자는 그 구성 요소인 자유 전자, 양성자, 중성자로 분해될 것이다. 그러므로 우주의 초기 단계에서는 은하가 존재할 수 없고 우리가 말한 허블 법칙이 무의미할 것이다. 하지만 다른 시각에서 보면 초기 우주의 팽창도 설명할 수 있다. 이를테면 그 단계에서는 미립자들 사이의 평균 거리가 변화했다고 볼 수도 있다. 어쨌든 빅뱅 이후 대략 100만 년과 10억 년 사이(은하가 처음 생성된 시기)에 우주가 정확히 어떤 성격을 띠고 있었는가 하는 것은 새로 마련될 갖가지 기기를 이용하면 2000년까지 해결될지도 모르는 주요 미해결 문제 중 하나다.[98]

넷째 가정은, 필시 사실이 아닐 텐데, 언젠간 우리가 실질적으로 태초까지 거슬러 올라가 시간의 시작점을 '볼' 수 있으리라는 것이다. 사실상 위에서 언급한 물리적 이유 때문에 우리는 빅뱅 이후 첫 몇십만 년간의 시기에서 오는 복사파는 종류를 막론하고(빛이든 전파든 뭐든) 영영 받지 못할 공산이 크다. 우리가 수신할 수 있는 최원거리 메시지는 아마 우리가 얼마 전에 받아 낸 '3도 우주 배경 복사'[우주 배경 복사의 절대 온도가 약 3켈빈(섭씨 −270도)이라는 뜻 − 옮긴이]란 메시지와 같은 시기에 발신된 것일 텐데, 그 복사파는 빅뱅 후 30만 년경에 발생했다고들 한다. 현재 통설에 따르면 그 이전의 우주는 마치 빛 입자가 방출되자마자 흡수돼 버리는 항성 내부처럼 각종 복사파와 입자들이 뒤섞인 불투명한 상태였다. 엄청나게 뜨거운 그 원시 수프가 충분히 식어야만 거기서 복사파가 빠져나올 수 있었다.

그래서 우리 레트로버스 이야기는 뜻밖의 결말로 이어진다. 갑자기 막이 내려와, 그 너머에 무엇이 있는지는 영영 보이지 않게 된다. 우리는 그 막의 사진을 1992년 처음 얻었다. 그것은 콜럼버스의 '신세계' 도착 500주년을 기념하기에 딱 좋은 성과물이었다. (15쪽에 나오는) 그 사진은 컴퓨터로 방대한 관측 자료를 종합해 그린 것이다. 연구진은 바로 그런 목적으로 갖가지 관측 기기를 특별히 제작해 COBE(Cosmic Observer Background Explorer 우주 배경 복사 탐사선)라는 인공위성에 탑재했다. COBE가 발사된 것은 1989년 말로, 우주 배경 복사가 발견된 지 꼭 25년 만이었다. 연구진은 수년간 관측 자료를 모으고 분석한 후에야 비로소 그 사진을 만들어 냈다.

우주 배경 복사 사진은 세계 곳곳의 신문에서 지방, 국내, 국제, 은하계 기사를 가볍게 밀어내고 1면을 차지했다. 그것은 역사적 순간이었다. 그때 지구인들은 '가시적' 우주의 시초까지 거슬러 올라가 얻은 사진을 처음 보았다. 물론 그 사진이 흐릿하긴 하지만, 화질은 앞으로 수년 내에 차차 개선될 것이다.[99]

얄궂게도 그 사진을 얻는 데 필요한 온갖 첨단 장비(인공위성, 거기 탑재된 정교한 관측 기기, 지상에서 인공위성 신호를 받는 고감도 안테나, 방대한 데이터를 처리하는 고성능 컴퓨터)를 다 갖추고서도 연구진은 콜럼버스 시대의 지도 제작자들이 직면했던 것과 똑같은 문제에 맞닥뜨렸다. 구면을 평면인 종이 위에 그리려면 어떻게 하는 것이 가장 좋을까? 그들에게는 양반구 지도, 메르카토르 지도 등등 그때까지 나온 수많은 절충안이 선택지로 있었다. 그들은 세계 지도를 자주 보는 사람들의 눈에 익은 형태를 선택했다.[100] 그것은 말하자면 구면을 쭉 찢어 펼친 후 납작하게 만든 모양이었다. 다음에 그 사진이 특정 방향으로 개선되면 다른 형태의 지도가 쓰일 수도 있을 것이다.

이제 우리가 막의 사진을 확보했다는 사실은 그 너머를 볼 수 없다는 아쉬움을 어느 정도 덜어 준다. 어쨌든 우리는 너무 아쉬워할 필요가 없다. 첫째, 우리는 태초 쪽으로 99.99퍼센트 거슬러 올라간 시점까지를 실제로 볼 수 있다. 둘째, 우리는 직접 관측 가능한 대상과 알고 있는 물리 법칙을 바탕으로 막 너머 우주의 '생김새'에 관해 많은 것을 추론할 수 있는데, 그러면 적어도 빅뱅 직후까지는 거슬러 올라갈 수 있다. 셋째, 우리가 초기 우주의 전자기파를 받기란 불가능하지만, 그 시기의 '메시지'를 직접 받을 유력한 방법이 적어도 두 가지는 있다. 첫째 방법은 '중성미자'라는 미립자를 이용하는 것이다. 현재의 표준 빅뱅설에 따르면 중성미자가 엄청나게 많이(대략 우주의 원자 하나당 1억 개 정도씩) 방출될 수밖에 없다. 우리가 우주의 아주 초기에 방출된 중성미자를 받아 낼 가능성이 있는 것은 그 입자의 어떤 속성 덕분인데, 안타깝게도 바로 그 속성 때문에 중성미자는 검출하기가 지독히 어렵기도 하다. 중성미자는 X선이 옷을 통과하는 것보다도 쉽게 일반 물질을 통과해 버린다. 학자들은 지금까지 몇몇 곳에 중성미자 검출기를 설치해, 태양 핵과 먼 초신성의 중성미자가 지구에 도착한 것을 기록해 냈다. 하지만 우주의 시초에서 오는 중성미자를 검출하려면 지금 사용 가능한 어떤 것보다도 훨씬 정교한 장치가 필요할 텐데, 이는 21세기의 과제다. 초기 우주의 메시지를 직접 받을 둘째 수단은 조만간 우리 손에 들어올 듯하다. 1994년에 라이고LIGO(Laser Inteferometer Gravitationalwave Obsevatory 레이저 간섭계 중력파 관측소)라는 국제 연구 프로젝트[101]가 시작되었다. 연구 목표는 '중력파'를 검출하는 것이다. 중력파는 공간 곡률의 잔물결이라고 볼 수 있다. 라이고 프로젝트는 갖가지 원천에서 오는 그런 잔물결을 검출하기 위한 사업인데, 그 원천 가운데 하나는 빅뱅 직후의 우주일 것이다. 미국에 있는 라이고는 프랑스·이탈리아 연구진이 이탈리아 피사 인근에 건립한 비르고VIRGO(처녀자리Virgo은하단에서 따온 이름)란 관측소와 연계하에 운영될 것이다.[102]

하지만 그런 프로젝트는 아직 미래의 일이다. 우리가 이미 손 안에 넣은 수단으로 얻어 낸 그림은 어떻게 보면 앞으로 채워 넣을 부분이 많은 조악한 스케치에 불과하겠지만, 그 전체 윤곽은 그대로 유지될 듯하다. 그 그림, 즉 지금 우리가 최선을 다해 그린 레트로버스 그림에는 아주 작은 구형 공간이 빠진 초구가 나타나 있다. 현재의 관측 기기를 이용하면 그 구형 공간의 바깥쪽 경계면(우주 배경 복사의 원천)을 어느 정도 살펴볼 수 있는데, 관측 결과는 이론적 추정과 꼭 들어맞는다. 빅뱅을 중심으로 하는 그 작은 구형 공간의 주변부는 제법 큰 구형 공간(은하가 생성된 곳)인데, 현재의 기기들은 그곳을 관측하기엔 한참 역부족이다. 지금 우리는 지구에서 50~60억 광년 이내의 은하들에 해당하는 초구

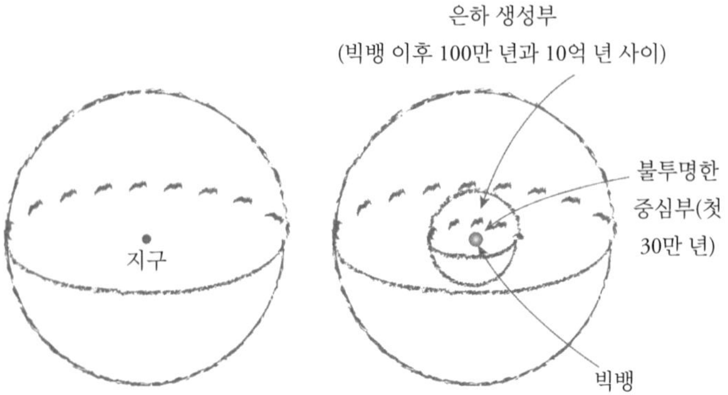

은하 생성부
(빅뱅 이후 100만 년과 10억 년 사이)

불투명한
중심부(첫
30만 년)

지구

빅뱅

그림 52

의 왼쪽 절반을 점점 더 자세히 그려 내는 한편, 그 너머의 오른쪽 절반도 탐구하기 시작했다. 여러 가지 상황을 종합해 볼 때 우리는 2000년으로 접어들 무렵이면 한때 상상도 못 했던 전체 그림이란 목표에, 지구 전체의 그림이 아니라 우주 전체의 그림이란 목표에 도달할 수 있을 것이다.

8장

또 다른 차원

과학의 파란만장한 역사를 통틀어
한 가지 변함없는 점이 있다면
결정적으로 수학적 상상력이 중요하다는 것이다.

_ 프리먼 존 다이슨Freeman John Dyson(물리학자)

알베르트 아인슈타인[103]은 어느 모로 보나 비범했다. 1951년에 프린스턴대학교에서는 베른하르트 리만의 무척 기발한 개념 중 하나인 '리만 곡면'의 탄생 100주년을 기념하는 학회가 열렸는데, 거기 참석한 사람들은 그 아침 남다른 용모의 아인슈타인이 강당 맨 앞줄에 앉아 있는 것을 보고 깜짝 놀랐다. 그가 프린스턴고등연구소의 자기 집무실에서 거기로 건너온 것은 인사말을 몇 마디 건네기 위해서였다. 가장 눈에 띄는 건 큼직한 머리였다. 헝클어진 풍성한 백발을 빼고 봐도 주위 사람들보다 1.5배는 더 커 보였다. 아인슈타인은 리만에게 자신도 깊이 감사하고 있으며 리만의 독창적 아이디어가 계속 탐구·확장되고 있어서 아주 기쁘다고 말했다. 사실 그 학회의 주제가 된 리만 곡면[104]은 아인슈타인이 상대성 이론의 토대로 삼았던 리만 기하학과 별 관계가 없다. 하지만 30년 후 물리학자들은 리만 곡면이 '끈 이론'에서 상당히 유용하다는 사실을 깨달았다. 끈 이론은 우주의 기본 작동 원리를 가장 작은 아원자 수준에서 이해하려는 새로운 시도다.

아인슈타인이 그토록 독특한 인물로 여겨지는 이유 중 하나는 그가 평생 관습과 통념을 거스르며 살았기 때문인데, 그런 성향은 그의 트레이드마크인 엉뚱한 머리 모양에도 반영되어 있다. 아인슈타인은 확고한 신념을 품고 있었으며 그 신념에 따라 행동했다. 심지어 그러려면 용기가 꽤 많이 필요한 상황에서도 소신을 굽히지 않았다. 두 세대 후의 스티븐 호킹Stephen Hawking처럼

아인슈타인은 현대 물리학의 복잡하고 추상적 문제를 다루는 데 특히 능한 이론적 지성과, 현실의 복잡하고 구체적 문제와 씨름하며 큰 역경에 맞서 싸우려는 의지를 겸비했다. 호킹의 경우 그 싸움의 대상은 그가 연구자로 첫발을 내디딜 무렵에 걸린 퇴행성 질환이었다. 아인슈타인의 경우 그것은 외부의 정치적 상황이었다. 그는 1차 세계 대전 때 독일의 군국주의에 반대하는 평화주의자가 되었는데, 수년 후 심각한 신변의 위험을 무릅쓰고 히틀러를 맹렬히 비난하기도 했다. 게다가 아인슈타인과 호킹은 둘 다 그런 싸움에서 허세를 부리지 않고 좋은 뜻에서 고집을 부렸으며 시종일관 뛰어난 유머 감각을 잃지 않았다. 예나 지금이나 사람들은 다음과 같은 아인슈타인의 재담과 경구[105]를 주워듣고 무분별하게 인용해 온갖 명분과 신념을 뒷받침하려 한다. "아무래도 신이 우주와 주사위 놀이를 하는 것 같지는 않다"(양자론의 확률적 해석에 대한 발언). "신은 미묘하지만 심술궂진 않다." "종교만 있고 과학이 없으면 제대로 볼 수 없고, 과학만 있고 종교가 없으면 제대로 걸을 수 없다."

그러나 아인슈타인이 역사에 남은 까닭은 매력적인 성격 때문이 아니라 현실의 본질에 대한 정말 획기적인 통찰 때문이다. 물리학자들이 볼 때 20세기는 1905년에 시작되었다. 그해에 아인슈타인은 유명한 논문을 세 편 발표했는데, 그중 두 편은 실세계

← 그림 53   1951년 프린스턴대학에서 리만 곡면 100주년 기념 학회가 열릴 무렵의 아인슈타인. (American Institute of Physics Neils Bohr Library)

의 본질에 대한 뿌리 깊은 통념 가운데 일부를 뒤집어 놓았다.

첫째 논문에서는 나중에 아인슈타인의 '특수 상대성 이론'[106]으로 알려진 학설을 소개했다. 거기서 아인슈타인은 우리가 '동시성'이란 개념을 버려야 한다고 주장했다. 실질적으로 따져 봐도 그렇고 이론적으로 따져 봐도 그런데, 이곳의 한 사건과 안드로메다은하의 다른 사건이 '동시에' 일어났다고 말하는 것은 무의미하다. 아인슈타인은 그렇게 동시성을 부정했을 뿐 아니라 물체의 길이, 속도, 질량 측정값 같은 기본 개념이 상대적이라고 주장하기도 했다. 다시 말하면 관찰자 두 명이 각자의 기준틀에 따라 서로 다른, 그러나 똑같이 유효한 측정값을 얻을 수 있다는 이야기다.

아인슈타인의 상대성 이론은 곧 하나의 상징이 되어, '세상일은 모두 상대적이야'라는 말로 온갖 주장을 맞받아치는 데 쓰였다. 하지만 아인슈타인의 이론은 결코 엉성함이나 허술함을 용납하지 않는다. 우리는 매번 시간이나 공간이나 질량을 사용 기기의 측정 한계 내에서 얼마든지 정확하게 잴 수 있고, 그런 다음 아인슈타인의 정밀한 수학적 법칙을 이용하면 다른 관찰자의 측정 결과를 예측할 수도 있다. 아인슈타인의 이론과 관련된 엉성함은 모두 그 이론을 정치, 사회, 도덕 분야에 적용해 보려는 시도에 있다.

아인슈타인이 1905년에 발표한 또 다른 논문은 어떻게 보면 특수 상대성 이론보다 훨씬 획기적이었다. 거기서 아인슈타인은 빛을 입자로 보며 '광자'란 개념을 내놓는다. 그 논문은 양자론의 토대 중 하나가 됐는데, 양자론은 상대성 이론과 아울러 이전 물리 이론에서 벗어나는 완전히 새로운 출발점에 해당했다. 사실 통설에 따르면 양자론의 창시자는 막스 플랑크Max Plank이지만, 에너지가 정말 특정 크기의 양자란 덩어리 형태로만 존재한다고 처음 주장한 사람은 바로 아인슈타인이라는 주장도 나올 수 있다.[107] 플랑크는 '양자'를 물리적 실체로 보기보단 계산에 유용한 수학적 도구로 본 듯하다.

아인슈타인이 양자론 창시에 기여한 바를 제대로 인정받지 못했다면, 후세는 아인슈타인의 생각이 아닌 것을 그의 생각으로 여김으로써 충분히 보상을 했다. 그것은 바로 4차원 시공간이 물리적 우주의 기본 구조라는 생각이다. 그 생각을 처음 내놓은 사람은 헤르만 민코프스키Hermann Minkowski[108]였다. 당대의 가장 독창적인 수학자로 꼽히는 민코프스키는 아인슈타인의 특수 상대성 이론 논문을 읽고 곧바로 한 가지 사실을 깨달았다. 시간과 공간을 따로따로 측정한 값이야 물론 관찰자와 관련이 있지만 둘의 특정 조합은 관찰자와 무관하다는 것이었다. 유명한 (과장된 표현이 더러 쓰인) 강연에서 민코프스키는 이렇게 말했다. "앞으로는 공간 자체와 시간 자체는 한낱 그림자로 사그라지고, 둘의 어떤 조합만이 독립적 실체성을 간직할 것입니다."

우주에 대한 4차원적 접근법의 밑바탕에 깔린 문제를 이해하려면 '레트로버스'를 좀 더 거시적으로 다시 살펴보는 것이 좋다. 정의에 따르면 레트로버스는 특정 시점에 (지구에서) 관측 가능한 모든 것으로 이루어진다. 그런데 우리가 그런 관측을 지금부터 1년이나 10년, 100년간 해 나가면, 레트로버스의 그림은 그때그때 다를 것이다. 아인슈타인 이전에는 그런 여러 그림에 '같은 우주'의 '나중' 모습이 담겼다고들 했을 것이다. 하지만 시간과 공간의 불가분성이 밝혀지면서 그렇게 보기는 힘들어졌다. 심지어 우주 팽창 현상이 발견되기 전에도 그랬다. 우리가 지금 알고 있는 것은 그런 연속 스냅 사진 한 장 한 장을 들여다보면 우주에서 전에는 전혀 안 보이던 부분을 관찰할 수 있다는 점이다. 지금부터 1년 후 지구에서 받을 우주 배경 복사는 우리가 지금 '보는' 원천보다 1광년 더 먼 곳에서 온다. 우리는 말 그대로 해마다 시야를 넓혀 나가고 있다. 전체 그림을 그리려면, 더 큰 우주가 시간과 공간속에 펼쳐져 있다고 상상해야 한다. 매해의 관측 결과는 말하자면 우주의 얇은 절편을 보여 주는 셈이다. 우리가 하려는 일은 그런 절편 몇 개를 보고 우주 전체의 모양을 추론해 보는 것이다. 이는 사과 절편 몇 개를 살펴보고 사과 전체의 모양과 구조를 추론하려는 것과 비슷하다. 만약 사과의 속심을 가로질러 자른 절편이 하나도 없다면 우리는 속심의 모양은커녕 존재 자체도 알 도리가 없을 것이다. 우주 전체를 상상하기 위해 실제로 관측 가능한 레트로버스 너머를 '보려는' 경우에도 적어도 어느 정도는 추측하는 수밖에 없다. 우주 전체를 그리고자 할 때 가장 많이 쓰는 접근법은 우주가 사과보다 양파에 가깝다고, 연달아 보이는 각각의 레트로버스가 양파에서 벗겨 낸 또 하나의 켜와 같다고 가정하는 것이다. 우주의 한 켜 한 켜, 즉 절편별 모습들은 세부적으로는 다르더라도 전체 구조상으로는 서로 닮았을지 모른다.

우주가 사과보다 양파에 가깝다는 가정을 보통 '우주 원리'라고 부른다. 우주 원리는 여기 지구에서 보이는 우주의 모습이 나머지 모든 곳에서 보이는 우주 모습을 대표한다는 뜻이다. 그 원리에는 또 다른 의미도 있다. 충분히 거시적으로 보면 우주는 울퉁불퉁하지 않고 한결같이 고르다는 것이다. 바꿔 말하면 물질이 곳곳에 모여서 여러 항성과 은하를 이뤄 서로 뚝뚝 떨어져 있는 상태는 기체나 액체의 초현미경적 구조와 같다는 이야기다. 그런 구조에서는 질량이 각 원자의 핵에 집중 분포하며 원자들이 모여 분자를 이루고 있다. 하지만 원자 수준에서 인간 수준으로 올라와서 보면 기체나 액체가 균일한 물질로 보인다. 이와 마찬가지로 우주 원리에서는 충분히 거시적으로 보면 각각의 은하가 전반적으로 균일한 물질 — 우주라는 물질 — 의 원자와 같을 것이라고 말한다.

아인슈타인이 우주 원리를 믿은 데는 적어도 두 가지 이유가 있었다. 첫째, 물론 우주의 어떤 딴 구역이 우리 구역과 완전히 다를 수도 있겠지만, 그런 구역의 생김새를 우리가 알아맞힐 가능성은 사실상 전무하다. 우주의 모든 부분이 서로 닮았을 가능성이 어떤 딴 부분이 이를테면 녹색 치즈로만 이뤄져 있을 가능성보다 훨씬 크다.

둘째, 우주에서 안 보이는 부분이 보이는 부분과 다르리라고 추정할 이유가 전혀 없으니 아마도 우주는 대체로 균일할 것이다. 안드로메다은하에 있는 지적 생명체들의 레트로버스는 우리 레트로버스와 어느 정도 겹치겠지만, 우리는 그들에겐 보이고 우리에겐 안 보이는 것 혹은 우리에겐 보이고 그들에겐 안 보이는 것이 양측 모두에게 보이는 것과 딱히 다르리라고 생각할 이유가 하나도 없다.

이런 상황은 마치 옛날에 우리가 지구의 극히 일부만 탐사해 보고서 지구 전체 모양을 추측하려 애쓰던 상황과 같다. 알고 있는 지역들로 미루어 보면 아무래도 지구의 나머지 부분 역시 대체로 둥근 모양을 띠고 있을 듯했다. 그 경우에는 우리 추정이 옳은 것으로 밝혀졌다.

이를 비롯한 몇 가지 이유로 아인슈타인은 민코프스키의 '4차원 시공간 연속체' 개념을 받아들이며 특수 상대성 이론을 '일반 상대성 이론'으로 확장해 우주 전체를 설명하려 할 때 시간의 흐름에 따라 진화하는 초구를 우주 모형으로 삼기로 했다. 그런데 그때는 허블 법칙과 그에 뒤따른 결론이 나오기 전이어서 그가 그런 선택을 한 이유 중 일부의 타당성을 입증할 수가 없었다. 하지만 5년 후인 1922년 러시아 수학자 알렉산드르 프리드만은 아인슈타인의 모형을 개선해 냈다. 프리드만의 모형에서는 아인슈타인 모형에서처럼 우주가 3차원 공간 성분과 (1차원) 시간 성분으로 이뤄지는데, 각 시점의 공간 성분은 리만의 '구면 공간'

즉 '초구'의 형태를 띤다. 두 모형의 가장 중요한 차이점은 프리드 만 모형에선 나중에 허블이 입증했듯 우주가 팽창한다는 것이 다. 다시 말해 그 초구의 크기는 시간이 정방향으로 흐르면 증가 하고 시간이 역방향으로 흐르면 감소해 0으로 수렴해 간다. '빅 뱅'이라는 말이 우주 크기가 0이던 최초 시점을 가리킬 때 쓰이 는 경우가 많지만, 사실 빅뱅은 물리적 실체라기보다 편리한 추 상적 개념[109]이라고 보는 것이 좋다. 지금 우리가 최선을 다해 알 아낸 바에 따르면 물리적 현실은 우주가 한때 상상도 못 할 정도 로 뜨겁고 조밀한 '원시 불덩이'로 압축돼 있었다는 것이다. 일단 어느 선을 넘으면 우리의 물리적 이해력으로는 그런 불덩이에서 나타날 만한 온갖 결과와 상호 작용을 모두 망라할 수가 없다. 그래서 우리는 빅뱅을 시간의 초깃값으로 여기고 빅뱅 후의 물 리적 우주에 대해서만 이야기한다. 그러면 그 그림은 비교적 간 단해진다. 만약 어떤 '외부 관찰자'가 비디오카메라로 모든 것을 촬영한다면, 일련의 장면은 점점 커지는 일련의 초구를 보여 줄 것이다.

그런데 초구는 구와 마찬가지로 어느 쪽에서 보든 생김새가 똑같다(그래서 우주 원리와 가장 잘 부합한다). 그 그림을 그릴 때 우리는 우리 자신을 중심점으로 삼는 자기중심적 도법을 이용할 수 있 다. 물론 다른 관찰자들도 자기네 위치를 중심점으로 삼아 제 나 름대로 지도를 그릴 수 있을 것이다. 그럼 이제 지구 중심의 한 원자 속에 있는 전자 하나를 중심점으로 삼아 각 초구의 지도를

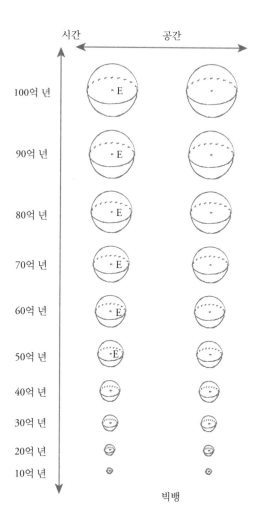

그림 54 　구형 우주의 첫 100억 년간 변천 과정. 빅뱅에서부터 10억 년 간격으로 찍은 일련의 스냅 사진. 각 스냅 사진에서 공간은 초구의 형태를 띠는데, 그런 초구의 크기는 시간의 흐름에 따라 점차 증가한다. ('E'는 지구 중심의 한 전자electron를 나타낸다.)

그러며 대략 빅뱅 1초 후까지 거슬러 올라가 보자. 그 전에는 전자들이 생성과 소멸을 거듭하고 있었으니, 우리가 선택한 전자의 이력을 그 너머까지 추적하는 건 무리일 것이다.

빅뱅 후 각 시점에 우주의 온갖 입자들은 모두 한 초구면 위에 분포하는데, 우리는 그런 초구면을 으레 그러듯 한 쌍의 구 내부로 나타낸다. 빅뱅부터 현재까지의 기간에 초구의 크기는 점차 증가해 왔다.

이 그림을 제대로 이해하려면, 구를 비롯한 온갖 도형의 표면을 지도에 나타낼 때 특정 점을 중심으로 하는 동심원을 감안할 수 있다는 걸 염두에 둬야 한다. 도형 표면의 곡률은 그런 동심원이 중심에서 멀어지면서 커지는 방식에 반영된다. 리만에 따르면 공간의 곡률 또한 그런 식으로 규정될 수 있다. 이제 우리는 다음 단계를 밟아, 빅뱅에서 특정 '거리'만큼 떨어진 모든 입자가 (3차원) 초구면 위에 있는 우주를 묘사했는데, 거기서 '빅뱅과의 거리'는 그냥 시간으로 측정한다. 그 결과로 나타나는 전체 그림은 4차원적인 어떤 것이라고 말할 수밖에 없다. 우리는 그것을 통째로 묘사할 순 없지만, 빅뱅 후 시점별 초구의 크기와 모양을 나타냄으로써 충분히 묘사할 수는 있다.

시간과 공간의 조합을 4차원적인 어떤 것으로 간주할 수 있다는 '생각'은 아주 오래된 것이다. 그것은 1764년 프랑스에서 출간된 유명한 백과사전의 '차원' 관련 표제항에도 분명히 언급되어 있다. 하지만 거기서는 그런 생각을 툭 던져 놓기만 할 뿐 부연

하진 않는다. 민코프스키가 특수 상대성 이론을 자기 나름대로 해석한 후에야 비로소 4차원 시공간에 관한 수학 지식이 명쾌히 설명되어 구체적 물리 문제에 적용될 수 있게 됐다. 일반 상대성 이론을 정립하면서 아인슈타인은 시공간의 곡률이란 개념을 도입하고 곡률에서 중력의 영향을 추론하는 법을 분명히 보여 줌으로써 시간과 공간을 더욱더 밀접하게 관련지었다.

바로 그때 아인슈타인은 리만에게서 영감을 얻었다. 리만의 생각은 3차원에만 국한되지 않고 4차원 이상으로 확장되었다. 리만은 고차원의 곡률 개념을 도입하고, 그런 곡률을 계산하는 양 함수 형태의 방정식을 제시했다. 아인슈타인의 천재성은 두 가지 사실을 알아차린 데 있었다. 첫째는 리만 방정식을 시공간에도 적용할 수 있다는 점이고, 둘째는 그렇다면 시공간의 기하학적 구조가 물리 현상에 영향을 미치기 마련이라는 점이었다. 둘째 개념은 정말 획기적이었다. 이전의 온갖 과학 이론에서는 공간을 수동적 배경으로만,[110] 즉 사건이 일어나는 무대로만 보았기 때문이다. 아인슈타인의 설명에 따르면 복사파와 물체는 모두 시공간의 기하학적 구조에 따라 결정된 경로를 따라 이동한다. "중력이 곧 기하학적 구조다"라고 말할 수도 있을 것이다. 아인슈타인이 20세기 초에 내놓은 이 이론은 지금도 신비성을 상당히 간직하고 있다. 여기서 뉴턴의 중력 이론도 처음엔 그만큼 난해하게 여겨지다가 그에 못지않게 한참 후에야 받아들여졌다는 사실을 떠올려 보면 좋을 것 같다. 사실 뉴턴의 중력 법칙은 자세히 볼수록 이상야릇하다. 물체들은 모두 서로 인력을 가하는데, 그 힘은 어떻게든 광대한 공간을 가로질러 태양과 달에서 지구로, 항성에서 항성으로, 은하에서 은하로 즉각 전해진다. 당시 고명한 과학자들 가운데 상당수는 그 이론을 '사이비 물리학'이라며 대수롭지 않게 여겼다. 뉴턴 본인도 중력 작용의 물리적 원리에 대해서는 전혀 모른다고 분명히 말하고, 자신은 중력을 받는 물체의 운동을 추정할 때 적용할 만한 수학적 법칙을 제공했을 뿐이라고 해명했다. 그리고 중력이라는 신비한 '힘'의 불가사의한 실제 작용 방식을 밝히는 일은 후세의 몫으로 남겨 두었다.

그런 관점에서 보면, 특정 경로를 선호하는 아인슈타인의 뒤틀린 공간이란 개념 역시 그리 기이해 보이지 않을 수도 있다.

왜 중력이 곧 곡률일 수도 있는지 이해하려면, 앞서 얘기했던 표면·공간 곡률의 주요 속성 중 하나를 다시 떠올려 보기만 하면 된다. 2차원에서 우리는 동심원의 둘레가 평면에서보다 느리게 증가하는지, 빠르게 증가하는지, 아니면 평면에서와 똑같이 증가하는지를 본다(그런 증가 속도는 각각 곡률이 양수인지 음수인지 0인지를 말해 준다). 3차원에서는 동심구의 크기를 이용해 비슷한 방식으로 따져 보면 곡률을 가늠할 수 있다. 4차원 시공간에서는 빅뱅에서 특정 '거리'만큼 떨어진 초구의 크기가 그 거리와 함께 증가한다. 그렇다면 그런 초구가 커지는 '속도'가 당연히 시공간 곡률의 척도가 될 것이다. 한편 초구가 커지는 속도는 우주 팽창을 늦추는 중력의 제동 작용에 따라 결정된다. 그러므로 중력이 증가한다는 것,

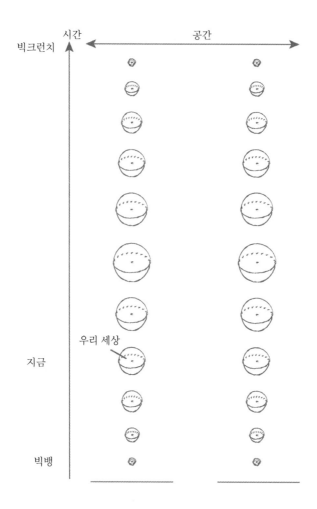

그림 55　4차원 초구 형태의 우주를 나타낸 지도. 빅뱅 후 각 시점의 공간은 3차원 초구면이다. 여기서 그런 초구면은 한 쌍의 구 내부로 나타나 있는데, 경계를 이루는 두 구면은 공간 속의 한 구면에 해당한다. 3차원 초구는 한동안 계속 커지다가 (미래의 어느 시점에) 최대 크기에 이른 다음 도로 작아져서 빅크런치 쪽으로 수렴해 간다.

시간 흐름에 따라 초구가 커지는 속도가 감소한다는 것, 곡률이 증가한다는 것은 모두 동일 현상을 가리키는 말이다.

일단 그 그림을 그려 놓고 나면 우리는 과거 회고라는 물리적 한계에서 벗어나 수학으로 우주의 미래를 예측할 수 있다. 이는 마치 예전에 뉴턴의 법칙 덕분에 태양계의 미래를 상세히 그려 볼 수 있게 된 것과 같다. 시간이 흐름에 따라 우주가 팽창하면 은하들의 간격이 커지며 중력이 약해진다. 이것은 시공간 곡률이 줄어들며 초구의 성장 속도가 느려진다는 뜻이다. 두 가지 가능성이 나타난다. 첫째, 초구가 언제까지고 계속 커지되 그 성장 속도는 계속 감소할 수 있다. 둘째, 초구가 최대 크기에 이른 후 서서히 수축할 수도 있다. 이는 마치 지구의 위선이 북극점에서부터 점점 커지다가 적도에서 최대 크기에 이른 다음 도로 작아져 남극 쪽으로 수렴해 가는 것과 같다. 만약 우주가 정말 언젠가 그런 수축 단계로 접어든다면, 은하들의 간격이 점차 줄어들고, 중력이 강해지고, 곡률이 커지며, 초구가 점점 빨리 작아져 이른바 '빅크런치big crunch'라는 한 점으로 수렴해 갈 것이다. 그러면 우리는 우주 전체의 지도를, 우주 생애의 전반기엔 커지고 후반기엔 작아지는 일련의 초구로 그릴 수 있을 것이다. 그렇다면 시공간 전체는 말하자면 초초구super-hypersphere의 형태를 띨 텐데, 수학자들은 그 4차원 도형을 '4차원 초구'라고 부른다.

지금 우리가 우주에 대해 아는 것만 가지고는 미래에 빅크런치가 발생할지 아니면 우주가 영원히 계속 팽창할지 판단할 수

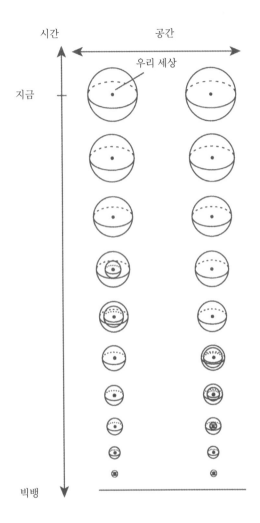

시간 공간

우리 세상

지금

빅뱅

그림 56 현재의 레트로버스가 빅뱅에서부터 지금까지의 우주에서 일부를
이루는 모습. 우주는 빅뱅에서부터 시간이 흐름에 따라 커지는 3차원 초구의
형태로 나타나 있다. 관측 가능한 우주, 즉 레트로버스는 지금부터 과거로 거슬러
올라갈수록(위에서 아래로 내려갈수록) 커지는 일련의 (일반) 구로 나타나 있다.
그 구는 처음에 3차원 초구의 왼쪽 부분에서 점점 커지다 오른쪽 부분으로 넘어가
줄어들어서 빅뱅 순간에 중심점으로 수렴한다.

없다. 하지만 어찌 되든 간에 여기서 마지막으로 한 번 더 과거를 되돌아보며 우리 (3차원) 레트로버스가 전체 (4차원) 우주의 큰 그림에 어떻게 들어가는지 살펴보는 것이 좋겠다. 우주의 초반부(처음의 팽창 단계)는 두 경우 사이에 별 차이가 없어 보이므로, 우리는 우주 지도를 4차원 초구의 형태로 그린 다음 거기에 현재의 레트로버스를 그려 넣을 수 있다.

9장

우주의 모양을
상상하다

갖가지 심상에 시달리는 사람에게
저런 추상 개념의 매력은 강력하네.

_ 윌리엄 워즈워스William Wordsworth의 《서곡*The Prelude*》

아인슈타인의 명언 중에 이런 말이 있다. "우주와 관련해 가장 이해하기 어려운 것은 우주를 이해할 수 있다는 점이다." 바꿔 말하면 물질계의 여러 측면을 단순한 법칙이나 간결한 수학식에 담아낼 수 있긴 하지만 어째서 그런 일이 가능한지는 아무도 모른다는 이야기다. 더욱더 설명하기 어려운 것은 창의적인 사람들이 별다른 목적 없이 생각해 낸 듯한 수학 개념이 희한하게도 나중에 알고 보니 물질계를 설명하는 데 꼭 필요한 도구인 경우가 더러 있다는 점이다. 이 현상[111]을 20세기의 저명한 물리학자 유진 위그너Eugen Wigner는 '자연과학에서 수학이 발휘하는 터무니없는 효용성'이라는 말로 표현했다. 두드러진 일례로 타원, 포물선, 쌍곡선 같은 원뿔 곡선에 대한 이론이 있다. 그것은 BC 400년경에 그리스 수학자들이 이렇다 할 실질적 이유 없이 창안한 이론이다. 그 이론이 비로소 과학 연구에 적용된 것은 2000년 후 케플러가 태양 주위를 도는 행성의 궤도가 타원 모양이란 사실을 알아차렸을 때였다. 나중에 뉴턴은 케플러가 발견한 사실에 덧붙여, 태양계로 진입하는 혜성 같은 천체들의 궤도 또한 타원, 포물선, 쌍곡선 모양일 수 있음을 밝혀냈다. 그뿐 아니라 뉴턴은 지구 자체가 구형이 아니라 타원체형임을 입증해 보이기도 했다.

고대에 창안된 또 다른 도형은 더욱더 오랜 시간이 지난 후에야 과학 연구에 실제로 적용되었다. 이번에는 화학 분야였다. 1985년 해럴드 크로토Harold Kroto와 리처드 스몰리Richard Smalley

그림 57　축구공에는 여러 오각형과 육각형이 대칭적으로 배열되어 있다.
그 모양은 탄소 원자 60개로 된 '버키볼'이란 분자의 구조와 같은 것으로 밝혀졌다.

는 새로 발견한 어떤 탄소 동소체의 분자 구조를 알아내려고 공동 연구 중이었는데, 그 동소체에서는 탄소 원자 60개가 어찌어찌 서로 연결되어 하나의 분자를 이루고 있었다. 그것의 분자 구조는 당초에 크나큰 수수께끼였다. 알고 보니 그 분자는 BC 3세기에 아르키메데스가 묘사했던 모양을 띠고 있었다. 여러 오각형과 육각형이 대칭적으로 배열된 전체 모양은 지금 전 세계 사람들의 눈에 익은 축구공 무늬와 같은 형태다. 크로토와 스몰리는 건축가 버크민스터 풀러Buckminster Fuller가 지오데식 돔을 비슷한 모양으로 지었다는 데 착안해, 그 새 분자와 나중에 분석한 동류 분자들을 통틀어 '버크민스터풀러렌buckminsterfullerene'이라 일컬었다. 다행히도 그 후에 사람들은 그것을 재치 있게 '버키볼buckyball'[112]로 줄여서 불렀다. 지금 화학자들은 버키볼의 쓰임새가 곧 발견되리라 내다보고 그 분자들을 열심히 연구하고 있다.[113]

굽은 공간에서 리만 초구(리만 구)에 이르기까지 지금껏 이야기한 수학 개념들은 이미 우주를 설명하고 이해하는 데 유용한 것으로 입증되었다. 비교적 최근에 수학적 상상력에서 나온 산물들, 대부분 20세기에 나온 그 산물들은 아직 현대 과학에 제대로 적용되지 못했지만, 이들의 쓰임새가 곧 발견될 징후가 이미 여기저기서 뚜렷이 나타났다.

새로운 수학 개념을 창안하는 열쇠가 하나 있다면 그것은 바로 추상화抽象化라는 과정이다. 무척 비근하고 중요한 일례로 '수'라는 개념이 있다. 수 자체는 자연에 존재하지 않는다. 사과와 오렌지를 합하는 건 불가능하더라도 사과의 '수'와 오렌지의 '수'를 합해 과일의 총 개수를 정확히 구하는 것이 '가능하다'는 것은 중대한 깨달음이었다. 게다가 덧셈 규칙은 당초에 수가 가리키던 특정 대상과 거의 무관하게 보편적으로 적용된다. 구체적 대상의 수(명수名數)에서 추상적 수(무명수無名數)로 넘어가는 일의 어려움은 지금까지도 일본어 같은 일부 언어에서 지칭 대상의 종류에 따라 같은 수를 다른 말로 표현한다는 사실을 보면 분명히 알 수 있다.[114]

추상화는 여러모로 유익하다. 첫째, 보편성의 힘으로 하나의 규칙이 매우 다양한 상황에 적용될 수 있게 한다. 5 곱하기 3이 15라는 사실은 5달러짜리 티켓 3장을 사는 데 드는 총비용을 계산하는 경우에나, 가로 5미터 세로 3미터인 탁자 윗면을 마감하려고 광택제 도장 면적을 구하는 경우에나 똑같이 적용된다. 수를 헤아리는 것이 지극히 평범한 일이다 보니 우리는 뒤섞인 여러 특정 대상의 특정 수에서 추상적 수 개념을 끌어낸 일의 비범성을 좀처럼 알아차리지 못한다.

추상화에 따르는 둘째 이점은 혼란스러워 보일 수 있는 상황이 명료해질 때가 많다는 것이다. 예컨대 유클리드가 말하는 '점'과 '선'이란 추상 개념은 그것의 원천인 현실 속의 반점과 줄보다 훨씬 뚜렷한 의미를 띠며 훨씬 단순한 규칙을 따른다. 물론 경우에 따라서는 단순한 규칙을 추상 개념에 적용해 얻은 결론을 도로 그 원천인 실제 물체에 적용하면 안 될 수도 있다. 하지만 위그너가 '수학의 터무니없는 효용성'이란 말로 암시한 놀라운 사실은 그런 결론이 딱 들어맞을 때가 많다는 것이다.

추상화의 셋째 이점은 우리가 상상력을 마음껏 펼쳐 새로운 대안적 형태의 현실을 고안할 수 있게 된다는 것이다. 그런 형태들은 실세계의 어떤 것과 부합할 수도 있고 부합하지 않을 수도 있다. 예를 들면, 수가 수천 년간 쓰인 후에 '음수'라는 개념이 조심스럽게 도입되었다. 그 개념은 처음에 거센 반발에 부딪혔다. 보통 수와 차원이 다른 추상 개념에 해당했기 때문이다. 5라는 수는 다섯 물체의 개수나 다섯 단위의 길이와 관련지으면 분명히 이해할 수 있었다. 어떤 구체적 대상과도 부합하지 않는 '−5'를 '수'라고 부르는 것은 수 개념을 한 단계 확장하는 일이었다. 지금 우리는 음수를 받아들이고 다루는 데 워낙 익숙해져서, 음수가 처음 도입됐을 때 그 개념이 얼마나 의문스럽게 여겨졌는지

실감하기 힘들다.

수와 유클리드 기하학처럼 실세계에서 바로 끌어낸 추상 개념에 기초하는 수학 분야가 실세계 문제를 다루는 데 유용하며 적용 가능하다는 것은 놀랄 만한 일이 아니다. 위그너가 얘기한 '수학의 터무니없는 효용성'은 추상 개념들이 겹겹이 쌓여 있는 매우 난해한 수학 분야의 적용 가능성을 가리키는 말이다. 예를 들어, 음수 개념이 서서히 받아들여진 후에는 훨씬 비현실적인 듯한 개념이 도입되었다. 기본 산술 규칙과 맞지 않게 제곱이 음수인 '수'라는 개념이었다. 그 새로운 대상은 '허수'라고 불리며 훨씬 거센 반발에 부딪혔다. 그래도 얼마 후 적절히 해석되고 이해된 허수 개념은 수학자의 기본 도구로 자리 잡는 한편 물리학과 공학의 여러 분야에서도 필수 요소가 되었다.

이제 좀 더 모험적인 추상 개념들에 대해 이야기해 보자. 그 중 제일 먼저 얘기할 것은 '추상 곡면'[여기서 '곡면'은 평면을 포함하는 일반 면을 통틀어 이르는 말이다. ― 옮긴이]이라 불리기도 하고 더 딱딱한 말로 '2차원 다양체'라 불리기도 한다. 어쩌면 '합성 곡면designer surface'이라고 부르는 편이 더 나을지도 모른다. '합성 마약designer drug'이 자연에 존재하지 않을 수도 있는데 제조자 나름의 사양대로 만들어진 것이듯 합성 곡면은 우리가 규정한 대로 존재하는 추상 도형이기 때문이다. 그것은 실세계에 대응물이 있을 수도 있고 없을 수도 있다.

그런 곡면을 고안하는 방법이 몇 가지 있다. 가장 간단하고

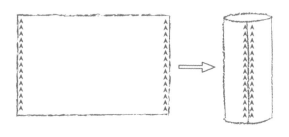

그림 58

유용한 방법은 잘 아는 도형 가운데 하나, 이를테면 직사각형을
선택한 다음 그 도형의 네 변 중 두 변이 새로운 가상 곡면에서
는 사실상 동일한 변이라고 규정하는 것이다. 말하자면 두 변을
그냥 접착제로 붙여 놓은 것과 같다. 가령 직사각형의 두 세로 변
이 동일하다고 규정하면 한 가지 추상 곡면을 얻을 수 있는데, 그
것은 바로 '팩맨' 같은 옛날 비디오 게임의 가상 공간에 해당한
다. 그런 공간에서는 캐릭터가 화면 오른쪽 끝으로 사라지자마자
화면 왼쪽에서 다시 나타난다. 이 아이디어는 비디오 게임이 나
오기 한참 전에 어떤 체스에도 적용됐다. 거기서는 일반 체스 규
칙이 모두 유효했지만 한 가지 차이가 있었다. 체스판의 왼쪽 끝
선과 오른쪽 끝 선을 동일한 선으로 간주한다는 점이었다. 그래
서 체스 말이 오른쪽 끝 선을 넘어가자마자 왼쪽에서 다시 나타
날 수 있었다. 그 게임은 '원기둥 체스'라고 불렸다. 다름 아니라
게임이 펼쳐지는 추상 곡면이 다들 익히 아는 실제 곡면인 원기

둥면에 해당하기 때문이었다. (종이를 직사각형으로 잘라 낸 다음 둥글게 구부려 두 세로 변을 맞붙이면 원기둥 모양이 만들어지는데, 그것이 바로 우리가 추상적으로 고안한 곡면의 모형이다.)

같은 아이디어에 변화를 조금 주면, 1858년에야 창안된 '뫼비우스 띠'라는 유명한 곡면을 만들 수 있다. 이 경우에도 일반 직사각형을 출발점으로 삼고 두 세로 변이 추상 곡면에선 동일한 변이라고 규정한다. 하지만 이번에는 방향이 뒤바뀌어 왼쪽 변의 맨 윗부분이 오른쪽 변의 맨 아랫부분과 일치하고 그 반대도 마찬가지다. 뫼비우스 띠란 이 가상 곡면은 실세계의 곡면과 부합할까? 이번 답은 어쩌면 의외일 수도 있겠지만 '경우에 따라 부합하기도 한다'는 것이다. 처음에 종이를 길고 가는 직사각형으로 잘라 내면, 그것을 둥글게 구부리며 반 바퀴 비틀어서 양쪽의 좁은 변을 규정대로 위아래가 엇갈리게 맞붙일 수 있다. 반면에 직사각형이 정사각형이거나 정사각형에 가까우면, 그것을 비틀어서 양쪽 변을 위아래가 엇갈리게 맞붙일 수가 없다. 그런 경우에 우리는 실제 대응물이 없는 온전한 추상적 뫼비우스 띠를 확보한 셈이다. 비디오 게임이 처음의 직사각형 모양과 상관없이 뫼비우스 띠의 사양을 따르도록 프로그램을 짜는 데는 아무 어려움이 없을 것이므로, 온갖 크기와 모양의 뫼비우스 띠들은 모두 똑같은 가상적 실재성을 띤다. 수학적 관점에서 보면, 뫼비우스 띠들은 모두 동등하게 창조되고, 이들의 기하학적 속성은 물리적 구현 가능성의 유무와 거의 상관없이 간단히 결정된다.

일단 이 분위기를 파악하고 나면 별의별 곡면을 다 고안할 수 있다. 사실 원기둥면에서 딱 한 단계만 올라가면 실제 대응물이 '전혀' 없는 곡면을 얻게 된다. 하지만 그 단계로 올라가기 전에 잠시 멈춰 이 문제를 짚고 넘어가는 게 좋겠다. '합성 곡면'은 정말 '고안'되는 것일까 아니면 '발견'되는 것일까?

그 문제는 지금도 논란이 되는 더 큰 다음 문제의 일부다. 수학자들은 수, 분수, 무리수, 허수, 원, 구, 초구, 유사구 등을 '창안'하는가 아니면 '발견'하는가? 뫼비우스 띠도 좋은 일례다. 통설에 따르면 뫼비우스 띠는 전형적인 인공 도형으로서, 기다란 종잇조각을 비틀고 붙여서 만든 것이다 보니 몇 가지 역설적 속성을 띤다. 예컨대 그 띠의 한쪽 면에는 중심부를 따라 노란 선을 긋고 반대쪽 면에는 파란 선을 그으려고 해 보면, 그렇게 하기가 불가능하다는 사실, 즉 '반대쪽' 면이 존재하지 않는다는 사실을 알게 된다. 어디서부터든 중심부를 따라 노란 선을 죽 그어서 출발점으로 돌아와 보면, 모서리를 한 번도 가로지르지 않고 곡면의 양면을 모두 지나왔다는 걸 알아차릴 수 있다. 다시 말해 뫼비우스 띠는 어떻게 보면 한 면밖에 없는 곡면이다. 그 띠의 두 '모서리'도 마찬가지다. 둘은 좀 더 자세히 살펴보면 하나로 이어진 모서리다. 그런 관찰 결과가 사실임을 극적으로 확인하는 방법이 있다. 중심선을 따라 띠를 둘로 자르려고 해 보면, 폭이 원래보다 반으로 줄어든 하나로 이어진 띠를 얻게 된다.

그런 기묘한 속성은 뫼비우스 띠가 비눗방울의 구면이나 지

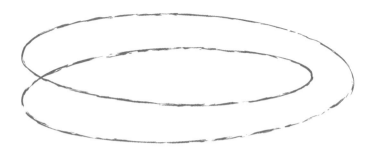

그림 59　이중 고리.

구의 타원체면 같은 '실재적' 곡면과 달리 가위와 풀로 만들어 낸 것이란 사실에 기인한다고들 한다. 하지만 사실은 뫼비우스 띠가 자연적으로 만들어지는 것을 직접 보고 싶으면 철사를 이중 고리 모양으로 구부러서 비눗물에 담그기만 하면 된다. 철사를 비눗물에서 꺼내면 십중팔구는 철사에 비누막이 두 개 생길 것이다. 하나는 가장자리에 빙 둘러진 막이고, 나머지 하나는 가운데를 가로지르는 막이다. 가운데 막을 (이를테면 물기 없는 손가락으로) 터뜨리면, 다름 아닌 뫼비우스 띠가 그 특유의 역설적 속성을 모두 띤 채 남아 있을 것이다. 비눗물 대신 액상 플라스틱을 사용하면, 세상의 어느 곡면 못지않게 실재적인 영구 자연산 뫼비우스 띠를 얻을 수 있다. 그러므로 아우구스트 뫼비우스August Möbius는 어찌 보면 자신의 이름이 붙은 그 곡면을 '창안'한 셈이고, 또 어찌 보면 물질계에 이미 존재하는(적어도 존재할 가능성은 있는) 곡면을 '발견'한 셈이다.

수학자들이 생각해 낸 또 다른 어떤 도형도 직사각형에서 비롯한다. 이번에는 왼쪽 변과 오른쪽 변이 동일할 뿐 아니라 위쪽 변과 아래쪽 변도 동일하다고 규정해 보자. 이 경우에도 우리는 그런 곡면의 가상적 실재성을 입증할 비디오 게임을 만들 수 있다. 우주 모험 게임에서 우주선이 화면 오른쪽 끝을 넘어가면 왼쪽에서 다시 나타나고 위쪽 끝을 넘어가면 아래쪽에서 다시 나타나도록 프로그램을 짜면 된다. 그런 곡면의 실제적 실재성을 검사하고자 할 때 가장 먼저 해 볼 만한 일은 직사각형을 둥글게 구부려 두 세로 변을 맞붙여서 원기둥 모양을 만드는 것이다(그림 60). 그러면 처음 직사각형의 윗변과 아랫변은 원기둥의 맨 위 원과 맨 아래 원에 해당한다. 그 맨 위와 맨 아래를 일치시키려면 어떻게든 원기둥을 늘이지 않고 둥글게 구부려 두 원을 맞붙여야 할 것이다. 직관적으로 보나 수학적으로 따져 보나 그런 구조는 만들기가 불가능하다. 그럼에도 불구하고 추상 곡면으로서 이 도형은 오랫동안 꿋꿋이 존속해 왔다. 그것은 '평탄한 원환면 flat torus'이란 이름으로 통한다. '원환면'이라는 말은 그 곡면이 도넛의 표면과 중요한 공통점이 있다는 사실을 반영한다. 예를 들어, 처음 직사각형의 두 세로 변을 잇는 수평선은 곡면 위의 원에 해당한다. 이는 그 곡면을 구현하기 위한 첫 단계로 직사각형을 둥글게 구부려 원기둥으로 만들어 보면 분명히 알 수 있다(그림 61). 직사각형의 윗변과 아랫변을 잇는 수직선도 마찬가지로 곡면에서 원 모양을 이룬다(그림 62). (우리는 처음에 직사각형을 다른 방향으

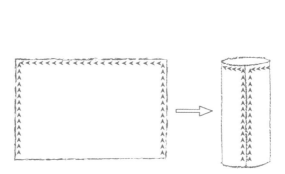

그림 60

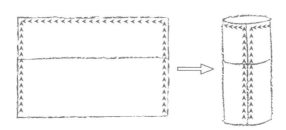

그림 61

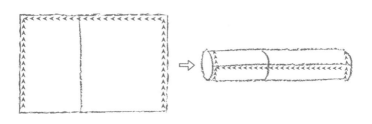

그림 62

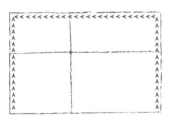

그림 63

로 둥글게 구부려 윗변과 아랫변을 맞붙일 수도 있다.) 직사각형에서 수평선
과 수직선이 한 점에서만 만나므로, 곡면 위의 두 원도 한 점에서
만 교차한다(그림 63).

그런 일은 도넛 표면에선 쉽게 일어날 수 있지만 이를테면
구면에서는 그러지 못한다. (구면에서 한 원은 구면을 두 부분으로 나누므
로, 어딘가에서 그 원과 한 번 교차하는 다른 원은 또 다른 곳에서 같은 원과 한 번
더 교차할 수밖에 없다.)

일반 원환면 혹은 도넛 표면은 굽어 있지만, 평탄한 원환면
은 이름이 암시하듯 굽어 있지 않다. 평탄한 원환면 위의 삼각형
을 비롯한 갖가지 도형에는 일반 유클리드 기하학의 규칙이 적
용된다. 한 가지 기이한 사실은 평탄한 원환면이 실제 공간 속의
일반 도형으로서는 존재할 수 없지만 리만 초구의 일부로서는
존재할 수 있다는 것이다. 이 사실은 영국의 수학자 윌리엄 킹던
클리퍼드William Kingdon Clifford가 처음 알아차렸다. 그래서 초구

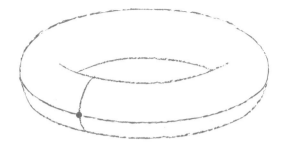

그림 64 원환면 위의 두 원은 한 점에서만 교차하기도 한다.

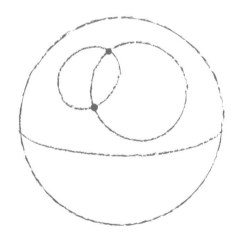

그림 65 한 점에서 교차하는 구면 위의 두 원은 다른 점에서 한 번 더 교차할 수 밖에 없다.

속의 평탄한 원환면은 클리퍼드 원환면[115]이라고 불린다.

이런 몇 가지 예를 보면, 수학자들이 고안한 온갖 곡면이 대략 어떤 것일지 어느 정도 짐작할 수 있다. 그들이 그토록 다양한 곡면을 고안해 낸 것은 그런 곡면도 자연 속의 곡면 못지않게 흥미로울 수 있음을 깨달았기 때문이다. 유달리 흥미로운 다른 몇몇 예는 '교차모crosscap' 혹은 '사영 평면projective plane,' '클라인 병Klein bottle,' '클라인 4차 곡선Klein quartic curve'이란 이름으로 통한다. 마지막의 둘은 19세기 말엽 기하학 연구에 활기를 불어넣은 뛰어난 독일 수학자 펠릭스 클라인Felix Klein의 이름을 따서 명명한 것이다.

추상 곡면을 가리키는 '2차원 다양체'라는 좀 부담스러운 이름의 한 가지 이점은 그걸 보면 다음에 어떤 추상화·일반화 단계를 밟아야 마땅할지 짐작할 수 있다는 것이다. 그것은 바로 '3차원 다양체'다. 이 역시 예를 들어 설명하는 것이 가장 좋다.

네 벽과 천장과 바닥으로 둘러막힌 평범한 방을 상상해 보라. 그리고 거기서 어떤 3D 홀로그램 비디오 게임이 펼쳐진다고도 상상해 보라. 이 게임에서는 3차원 우주선 이미지들이 방 안을 돌아다니다 때때로 어느 벽 속으로 들어가기도 하는데, 그런 경우에 이들은 곧바로 맞은편 벽의 해당 점에서 다시 나타난다. 또 이들은 천장을 통과해 바로 아래 바닥의 해당 점에서 다시 나타나기도 한다. 이 특별히 고안된 세계에 기거하는 존재들은 모두 동일한 패턴을 따른다. 이런 경우에 그들이 기거하는 그 가상

현실은 이른바 '3차원 원환면'이라는 것이다. 그것은 2차원의 평탄한 원환면에 정확히 대응하는 3차원 다양체다.

3차원 다양체의 또 다른 일례는 우리가 이미 여러 번 얘기했던 리만 초구인데, 그것은 '3차원 초구'라는 이름으로도 통한다.

이 길을 따라 복잡한 추상 개념의 세계로 더 깊이 들어가기 전에 누군가는 이런 인위적 3차원 다양체의 대응물이 현실에 존재하는지 물을 수도 있겠다. 답은 정말 그런 것이 존재할 수도 있다는 것이다. 20세기의 우주론자들은 온갖 3차원 다양체를 고찰하며 그중에서 빅뱅 직후의 우주 모양으로 가장 알맞은 것을 모색해 왔다. 3차원 초구와 3차원 원환면 둘 다 유력한 후보다. 사실 3차원 원환면은 우주를 유한하다고 볼 것이냐 무한하다고 볼 것이냐 하는 오래된 딜레마의 한 가지 타개책이다. 여기서 그 딜레마의 현대판에 대해 좀 자세히 이야기할 필요가 있다.

우주의 구조를 다루기에 앞서 우리는 추상 개념의 세계로 한 걸음 더, 즉 3차원 다양체에서 4차원 다양체로 나아가야 한다. 아인슈타인이 내놓은 일반 상대성 이론의 기본 원리에 따르면, 중력이 작용하는 경우에는 언제나 — 지구 둘레를 도는 인공위성이나 태양 둘레를 도는 행성의 궤도, 공동의 무게 중심 주위를 도는 쌍성의 궤도, 블랙홀 주변의 상황, 우주 전체의 구조 등등을 추정할 때는 언제나 — 중력이 곡률로 암호화되는 굽은 4차원 시공간의 형태로 모형을 구축해야 한다.

(갖가지 물적 증거에 따르면 참인 듯한) 빅뱅이란 전제를 받아들이면,

시공간의 시간 성분과 공간 성분을 갈라낼 수 있다. 시간은 빅뱅으로 시작되었고 공간은 (필연적으로) 빅뱅 후 각 시점의 3차원 다양체로서 시간의 흐름에 따라 진화한다고 보면 된다. 그런 시나리오 중 하나로 공간이 3차원 초구의 형태인 아인슈타인의 우주모형이 있다. 그 모형에서는 우주의 곡률이 양수다. 하지만 우주의 곡률이 0일 가능성도 있다. 그런 경우에 우리가 세우게 되는 우주 모형에서는 빅뱅 후 각 시점의 공간이 3차원 초구가 아니라 훨씬 친숙한 유클리드 공간이다. 시간이 흐르면 공간이 팽창하며 은하들의 간격이 점점 더 멀어지는데, 그런 과정이 영원히 계속되는 우주를 '열린 우주'라고 부른다. 그와 반대로 시간과 공간이 둘 다 유한한 우주는 '닫힌 우주'라고 부른다. 닫힌 우주의 기본 모형은 1922년에 알렉산드르 프리드만이 내놓은 것이다. 프리드만의 모형은 아인슈타인의 모형과 마찬가지로 리만의 구면 공간을 바탕으로 한다. 그러나 프리드만의 우주에서는 공간이 한동안 점점 느리게 팽창하다 먼 미래의 어느 시점에 팽창을 완전히 멈춘 후 중력의 작용으로 서서히 수축하다 결국 빅크런치라는 함몰로 붕괴하게 된다.

현대의 '열린 우주'론은 고대의 우주관과 크게 다르지 않다. 고대인들도 우주가 한없이 크며 과거의 어느 시점에 처음 생겨나 영원히 존속한다고 생각했다. 사실 실질적 차이라고 해 봐야 현대에는 우주가 정적이지 않고 끊임없이 팽창하며 은하들의 간격이 점점 멀어진다고 본다는 점뿐이다. 현대 열린 우주론의 고충은 (마치 고대 전설에서 아테나가 장성한 모습으로 제우스 머리에서 태어나듯) 빅뱅 순간에 우주가 한없이 큰 완전한 모습으로 한꺼번에 나타났다는 이미지에 엄청나게 시달린다는 것이다. 우주의 그럴듯한 추상적 수학 모형으로서 열린 우주론은 충분히 존립 가능하고, 아무튼 그 이론을 배제할 만한 물적 증거는 하나도 없다. 하지만 이 문제를 깊이 생각해 본 여러 세대의 사람들 가운데 상당수는 무한한 우주가 물리적 현실로서보다 추상적 모형[116]으로서 더 타당하다는 결론에 이르렀다.

우리는 두 우주의 장점을 취합해 또 다른 모형을 만들어 볼 수도 있다. 열린 우주에서는 시간이 무한하며 공간이 (점점 느리게) 계속 팽창한다는 점을 받아들이고, 닫힌 우주에서는 각 시점에 공간의 크기가 유한하다는 점을 받아들이는 것이다. 문제는 시공간의 속성에 대한 몇몇 자연스러운 가정을 받아들이고 아인슈타인의 일반 상대론 방정식을 적용하면 시공간 곡률이 양수인 경우에는 시간과 공간이 유한한 구형 모형을 얻게 되고 시공간 곡률이 0인 경우에는 시간이 영원히 계속되며 각 시점의 공간이 평평한 유클리드 공간인 모형을 얻게 된다는 것이다.

하지만 이 딜레마에서 벗어날 방법이 있다. 우리가 수학적 상상력으로 얻은 선물 중 하나는 유클리드 공간처럼 평평해 곡률이 0이지만 크기가 유한한 3차원 다양체, 즉 3차원 원환면이란 개념이다. 2차원 평탄한 원환면의 일부와 유클리드 평면의 일부를 구별하기가 불가능하듯, 3차원 원환면의 일부와 일반 3차원 유클리드 공간의 해당 부분을 구별하기도 불가능하다. 하지만 3차원 원환면은 크기가 유한하므로, 거기서 누군가가 어느 한 방향으로 계속 나아가다 보면 3차원 초구면에서처럼 결국은 출발점 근처로 돌아오게 된다.

그래서 우리는 닫힌 우주와 열린 우주의 대안이 되는 또 다른 우주, 즉 크기가 유한하나 시간 속에서 무한정 확장되는 '반만 열린 우주'를 얻었다. 지금 우리가 아는 바에 따르면 그중 한 모형이 나머지 모형보다 더 유력하다고 볼 만한 이유는 전혀 없다.

추상적 다양체와 그럴듯한 우주 모형은 그 밖에도 많이 있다. 중요한 모형 가운데 몇 가지는 '쌍곡 평면'에서 끌어낸 것인데, 쌍곡 평면은 로바첸스키와 보여이가 창시한 비유클리드 기하학에서 다루는 주제다. 힐베르트의 어떤 유명한 정리에 따르면 일반 유클리드 공간에는 쌍곡 평면과 부합하는 곡면이 존재하지 않는다. 하지만 추상 곡면으로서 쌍곡 평면은 수학과 물리학의 여러 분야에서 중대한 역할을 해 왔다.

일반 유클리드 평면과 마찬가지로 쌍곡 평면에는 측지삼각형, 사각형 등의 다각형이 존재할 수 있다. 우리는 앞서 직사각형으로 뫼비우스 띠와 평탄한 원환면 같은 추상 곡면을 만들어 냈듯 쌍곡 평면의 다각형으로도 흥미진진한 온갖 새로운 추상 곡면을 얻을 수 있다. 그중 일부는 실제 공간 속의 유사구면 같은 곡면과 부합하지만 나머지는 그러지 않는다.

로바첸스키는 2차원 비유클리드 기하학에만 머물지 않고 3

차원 공간도 고려해 보았다. 그 결과는 '쌍곡 공간,' 즉 리만이 말하는 의미에서 일정한 음의 곡률을 갖는 3차원 다양체다. 쌍곡 공간에는 여러 벽으로 둘러막힌 방이 존재할 수 있는데, 우리는 유클리드 공간의 방에서 3차원 원환면을 만들어 냈듯 쌍곡 공간의 그런 방에서도 갖가지 새로운 3차원 다양체를 고안할 수 있다. '쌍곡 다양체'라고 불리는 그런 다양체들에 대한 이론은 20세기 후반에 매우 활발히 연구되어 온 기하학 분야 가운데 하나다.

우주론자들은 곡률이 양수, 0인 우주 모형뿐 아니라 곡률이 음수인 모형도 몇 가지 내놓았다. 그런 모형들도 알고 보니 시간 속에서 무한정 확장되는 열린 우주였는데, 거기서 빅뱅 후 각 시점의 공간 모양은 쌍곡 다양체, 즉 곡률이 음수인 3차원 다양체다. 보통은 그 공간이 크기가 무한한 쌍곡 공간이라고 가정하지만, 따져 보면 그게 수학자들이 밝혀낸 유한한 크기의 여러 쌍곡 다양체 중 하나[117]일 가능성도 충분히 있다.[118]

그래서 리만이 예전에 내놓은 생각은 지난 한 세기 반에 걸쳐 발전해 왔다. 리만은 처음에 공간의 모양을 수학적으로 표현할 방법을 모색하다가 굽은 공간과 3차원 다양체란 개념을 창안했다. 그리고 얼마 후에는 그런 개념을 4차원 이상의 다양체로 일반화하고, 그 맥락 속에서 '곡률'이 무엇을 의미할지 설명했다. 리만의 생각을 받아들인 수학자들은 그런 다양체의 갖가지 예를 고안하고 각각의 속성을 연구해 리만 기하학이란 하나의 수학 분야를 창시했다. 20세기에 리만 기하학의 발달은 우주의 비밀을 밝히려는 시도와 밀접히 관련되었는데, 이는 수학자들이 생각해 낸 여러 추상적 다양체가 계속해서 실제 관측 결과에 비춰 시험해 볼 만한 그럴듯한 모형이 되고 있기 때문이다.

물리학자들이 4차원 이상의 개념을 고찰하는 데 서서히 익숙해질 무렵 수학자들은 훨씬 이상한 듯한 영역, 심지어 기이하다고도 할 만한 영역에 진입했다. 아인슈타인이 곡률이 양수인 4차원 시공간이라는 우주 모형을 내놓은 이듬해인 1918년에 독일 수학자 펠릭스 하우스도르프Felix Housdorff는 그때까지 아무도 고려해 보지 않았던 '분수 차원fractional dimension'이 존재한다고 주장했다. 하우스도르프가 내놓은 새로운 개념은 중요성이 곧바로 명백히 드러나진 않았지만, 차차 유용성이 커짐에 따라 서서히 용인되다 결국 열렬히 수용돼 수학의 필수 요소로 자리 잡았다. 그러나 하우스도르프의 분수 차원 개념이 수학계 밖으로 알려진 것은 1975년이 되어서였다. 그해에 IBM에서 일하던 수학자 브누아 망델브로Benoit Mandelbot[119]는 분수 차원의 도형에 대한 책을 쓰면서 그런 도형을 '프랙털fractal'이라 명명하고 한 가지 매우 중요한 소견을 밝혔다. 프랙털은 수학자들의 지나친 상상력에서 나온 산물에 불과한 게 아니라 사실상 자연 속에서 예외라기보다 규칙에 가깝다는 얘기였다. 지난 20년간 프랙털이 응용된 분야는 화학과 금속공학에서 영화의 가상 풍경 도안에 이르기까지 다양하다.

하우스도르프가 처음에 해결하려 했던 문제는 수학자들을

대대로 괴롭혀 온 문제였다. 면의 넓이를 어떻게 구할 것인가? 넓이의 직관적 의미는 충분히 명확하다. 그것은 이를테면 어떤 표면을 전부 칠하려고 할 때 페인트가 얼마나 많이 필요한가 하는 문제에 불과하다. 만약 그 표면이 평범한 직육면체형 방의 벽과 천장으로 구성된다면, 직사각형으로 된 각 부분의 넓이는 그냥 가로 길이와 세로 길이를 곱한 값이다. 천장이 팔각형인 팔각기둥형 방의 경우에는 계산이 조금 더 어렵지만 그래도 별로 복잡하지 않다. 그런데 적정량의 페인트를 구해 반구형 돔을 전부 칠해야 한다면 어떻게 할 것인가? 다채로운 이탈리아 대성당의 반 타원체형 돔을 칠해야 한다면? 가우디가 바르셀로나에 자유로운 형식으로 세운 건축물 중 하나를 칠해야 한다면? 원양 정기선의 겉면을 칠해야 한다면? 대상의 모양이 복잡해질수록 넓이 문제는 해결하기 어려워진다. 19세기에 일반 표면적 산출법이 몇 가지 제안되었으나, 그런 방안이 새로 나올 때마다 누군가가 해당 방안의 약점을 보여 주는 예를 생각해 냈다.

더 간단하지만 비슷한 문제로 곡선의 길이를 구하는 문제가 있었다. 그 해법은 아주 잘 파악되어 있는 듯했으나, 19세기 말과 20세기 초에 아주 이상한 현상이 나타났다. 알고 보니 곡선과 곡면은 자세히 볼수록 복잡해졌다. 기하학적 직관력에 의존해도 괜찮다는 순진한 믿음이 결정타를 맞은 것은 해당 도형이 곡선인지 곡면인지조차도 분명하지 않은 예들이 발견됐을 때였다! 일례로 1890년에 이탈리아 수학자 주세페 페아노Guiseppe Peano가 발견한 '페아노 곡선'은 구조를 보면 곡선 같지만 사실상 한 정사각형 내부의 모든 점을 지난다. 우리는 그것의 길이에 대해 얘기해야 할까 아니면 넓이에 대해 얘기해야 할까?

훗날 프랙털 이론의 원형이 된 예는 1904년에 스웨덴 수학자 헬리에 본 코크Helge von Koch가 갓 창간된 수학·천문학 학술지 제1권에서 거론했다. 그것은 보통 '눈 결정 곡선snowflake curve'[120]이나 '코크 곡선'으로 불린다. 그 곡선을 보면 눈 결정이 떠오르는데, 이는 그것이 6회 대칭 구조를 띠기 때문이기도 하고 그 테두리가 레이스 모양이기 때문이기도 하다.

코크의 추상적 눈 결정을 만드는 절차는 실제 눈 결정이 형성되는 과정과 매우 비슷하다. 결착accretion이라는 그 과정은 먼저

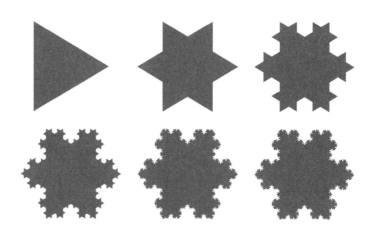

그림 66　　코크의 눈 결정이 '자라는' 과정의 첫 여섯 단계.

중심핵에서 가지 여섯 개가 대칭형으로 '자라난' 다음 각 가지에서 또 다른 가지가 자라나는 식으로 계속된다. 코크의 추상적 눈 결정도 바로 그런 식으로 상상해 볼 수 있는데, 이 경우에 단계별로 추가되는 '가지'들은 모두 단순한 정삼각형이다. 각 단계에 추가되는 삼각형의 변 길이는 바로 앞 단계 삼각형 변 길이의 3분의 1이다. 중심핵은 하나의 큰 정삼각형으로 생각할 수 있는데 아직은 6회 대칭 구조를 띠지 않는다. 하지만 첫 단계에서 처음 크기의 3분의 1만 한 정삼각형을 중심부 삼각형의 각 변 한가운데 하나씩 붙이고 나면 평범한 육각성 모양을 얻게 된다. 다음 단계에서는 그 별 모양의 각 변에서 먼젓번 것 크기의 3분의 1만 한 또 다른 정삼각형이 하나씩 '자라난다.' 이런 과정은 무한정

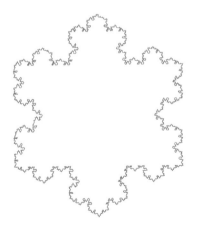

그림 67 눈 결정 곡선.

되풀이된다. 최종 결과는 코크 눈 결정인데, 바로 그런 눈 결정의 오밀조밀한 테두리 선이 '눈 결정 곡선'이다.

분수 차원이 존재한다는 결론에 이른 연구의 발단이 된 문제는 눈 결정 곡선의 총 길이를 구하려면 어떻게 해야 하는가 하는 것이었다. 이 문제를 해결하기 위해 그 곡선 자체의 일부 조각을 '자'로 삼아 총길이를 재 보자. 곡선 전체를 12조각으로 등분할 수 있으므로, 그중 1조각을 척도로 삼으면 총길이는 12'단위'가 될 것이다.

그런데 일단 눈 결정 곡선에서 위쪽 3분의 1의 길이만 구해 보려고 하면 한 가지 문제가 생긴다. 그 부분은 척도와 똑같은 조각 4개로 구성되므로 길이가 4단위일 것이다. 하지만 다른 계산 방법도 있다. 척도를 3배로 확대하면 눈 결정 곡선의 '위쪽 3분의 1 전체'와 똑같은 도형을 얻게 된다. 이에 따르면 곡선 윗부분의 길이는 척도의 3배일 것이다. 다시 말해 그 길이는 4단위가 아니라 3단위일 것이다.

이 모순적인 듯한 문제를 해결할 만한 방법은 두 가지가 있

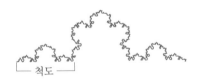

그림 68　눈 결정 곡선의 위쪽 3분의 1.

다. 19세기 같았으면 모범 답안이 됐을 첫째 해법은 이렇게 생각하는 것이다. '척도' 자체의 길이가 무한하므로 눈 결정 곡선 위쪽 3분의 1의 길이도 무한하다. 그 길이를 무한대의 3배로 보느냐 무한대의 4배로 보느냐는 중요하지 않다.

하우스도르프가 내놓은 해법은 기존 관념에서 완전히 벗어난 것이었다. 그에 따르면 문제는 '눈 결정 곡선'이 실은 '곡선'이 아니라는 데 있었다. 곡선은 1차원 도형이고, 곡면은 2차원 도형이다. 하우스도르프는 코크가 고안한 '곡선'이 실은 분수 차원의 도형, 즉 1차원과 2차원 사이에 있는 어떤 차원의 도형이라고 주장했다. 그것이 정확히 몇 차원인지 알아내는 한 가지 방법은 이를 확대·축소와 관련지어 생각하는 것이다.

자유의 여신상을 만들 때 첫 단계는 축소 모형을 만드는 일이었다. 그 모형에서 한 단계 만에 실제 여신상을 만들어 세우려고 했다면 대단히 위험했을 것이다. 제작자는 단계별로 확대율을 적당히 높여 가며 중간 크기의 모형을 여러 개 만들어 보기로 했다. 그렇게 신중을 기해야 하는 이유 중 하나는 확대율이 2배로 증가할 때마다 부피와 무게가 8배씩 증가하기 때문이다. 그에 반해 하중 지지력은 단면적에 따라 결정되므로 4배씩만 증가한다. 그렇다면 이런 결론이 나올 수밖에 없다. 어떤 형태든 너무 크게 만들면 자체 무게를 견디지 못해 무너지고 말 것이다. 코끼리만 한 딱정벌레는 공중으로 날아오르기는커녕 다리로 자기 몸무게를 지탱하지도 못할 것이다.

자유의 여신상 이야기로 돌아가자. 상의 크기를 2배로 키우면, 상의 곡선은 모두 2배로 길어지고, 상의 표면을 칠하는 데 필요한 페인트의 양은 4배로 많아지고, 상을 만들어 세우는 데 필요한 재료의 양은 8배로 많아진다. 일반적으로 한 물체의 크기를 어떤 비율로 키우면, 곡선 길이는 같은 비율로 증가하고, 표면적은 그 비율의 '제곱' 배로 증가하고, 부피는 그 비율의 '세제곱' 배로 증가한다.

차원과 확대·축소의 이런 연관성을 이용하면 차원의 본질을 간략히 설명할 수 있다. 곡선이 1차원 도형인 까닭은 그것의 길이가 확대율(혹은 축소율)과 똑같은 비율로 변화하기 때문이다(지름이 1인 원의 둘레는 π이고, 지름이 3인 원의 둘레는 3π다). 곡면이 2차원 도형인 까닭은 그것의 넓이가 확대율의 '제곱'으로 증가하기 때문이다(반지름이 1인 원의 넓이는 π이고, 반지름이 3인 원의 넓이는 9π다). 입체가 3차원 도형인 까닭은 그것의 부피가 확대율의 '세제곱'으로 증가하기 때문이다. 달리 보면 '차원'이란 다름이 아니라 확대된 도형의 해당 크기를 구하려 할 때 '확대율을 거듭제곱해야 하는 횟수'다.

눈 결정 곡선에서 우리가 척도로 삼은 부분은 3배로 확대하면 '크기'가 4배로 증가하는 이상한 속성을 띤다. 그 크기가 4배로 증가한다고 보는 이유는 확대상이 원래 척도와 똑같은 조각 4개로 이뤄져 있기 때문이다. 그것이 정말 '곡선'이라면 크기가 확대율과 똑같이 3배로 증가할 것이다. 그것이 2차원 도형이라면 크기가 3의 '제곱'으로, 즉 9배로 증가할 것이다. 이런 이유로 하우스도르프는 눈 결정 곡선의 차원이 1보다는 '크고' 2보다는 '작다'고 판단했다. 사실 그는 그것이 정확히 몇 차원인지[121] 이야기했는데, 그 값은 $1\frac{1}{4}$보다 조금 크다.

이런 이야기가 실제 일상과 동떨어진 것으로, 심지어 실제 눈 결정과도 거의 무관한 것으로 여겨질 수도 있다. 하지만 알고 보면 이는 우주론의 근본 문제 중 하나와 밀접히 관련되어 있다. 그 문제는 바로 '우주 원리' 자체다. 우주 원리는 우주 전체에 은하들이 어떻게 분포하는가에 대한 원리다. 그 원리에 따르면 충분히 거시적으로 봤을 때 우주의 물질 분포 상태는 균질 우유와 같다. 다시 말해 한 부분에는 지방질이 있고 다른 부분에는 묽은 액체가 있는 상태가 아니라 어느 곳이든 똑같아 보인다. 물론 미시적으로 본 우주의 모습은 전혀 그렇지 않다. 미시 우주에는 여러 항성과 성단, 은하와 은하단, 초은하단이 분명 존재한다.

1970년 "계층 우주론 옹호The Case for a Hierarchical Cosmology"라는 유명한 논문에서 천문학자이자 우주론자인 제라르 드 보클레르 Gérard de Vaucouleurs는 거시 규모에서 은하들이 '균일'하게 분포하리라 가정할 이유가, 규모와 상관없이 성단과 은하단이 우주 전역에 걸쳐 존재하리라 판단할 이유보다 많지 않다고 말했다. 드 보클레르는 당시 관측 자료에 근거해 은하 분포 상태를 수적으로 추정했는데, 그 추정 결과는 나중에 망델브로가 해석한 바에 따르면[122] 우주에 있는 은하들 전체의 기하학적 구조가 $1\frac{1}{4}$이 조금 못 되는 차원(눈 결정 곡선의 차원보다 약간 낮은 차원)의 프랙털에 해당한다는 뜻이었다.

　드 보클레르가 논문을 쓴 후 사반세기 동안 전천全天 탐사가 점점 더 큰 규모로 여러 차례 실시됐는데, 그런 탐사의 목표 중 하나는 거시 우주가 균일한가 아니면 불균일한가 하는 문제를 해결하는 것이었다. 1985년 하버드대학교 스미스소니언 천체물리관측소에서는 마거릿 겔러Margaret Geller, 존 허크라John Huchra, 발레리 드 라파랑Valerie de Lapparent이 색다른 탐사를 마쳤다. 그들은 하늘에서 길고 가는 한 영역을 선택한 다음 깊이 위주로 탐사를 수행했다. 다시 말해 그 영역의 각 은하가 우리에게서 얼마나 멀리 떨어져 있는지를 조사한 것이다. 그런 3차원적 전천 탐사에서 거둔 가장 주목할 만한 성과는 우주의 새로운 거대 구조로 보이는 것을 발견했다는 데 있었다. 그것은 비누 거품이나 맥주 거품 같은 형태였다. 내부엔 은하가 거의 없고 둘레의 얇은 '막'에 여러 은하가 모여 있는 커다란 '거품'들. 같은 연구팀은 이어서 하늘의 몇몇 인접 영역을 탐사해 우주 지도를 더 많이 만들어 냈는데, 그 지도들은 대체로 처음의 결과와 부합했다. 그런 영역별 지도들을 조합해 우주의 상당 부분을 3차원 지도로 만들어 보니, 전에 발견했던 어떤 구조보다 훨씬 큰 규모의 은하 밀집 구조가 아주 분명히 드러났다. 거의 지도의 한쪽 끝에서 반대쪽 끝까지 뻗어 있는 그 밀집 구조는 '장벽the great wall'이라 불리며, 충분히 거시적으로 보면 우주가 균일하리라는 가정에 대한 의혹을 증폭했다. 그래서 우주의 구조가 프랙털일 가능성 또한 아직 배제되지 않았다. 한편 우주 프랙털 구조론을 현저히 균일한 우주 배경 복사 같은 온갖 관측 자료와 부합하게 하려는 시도[123]도 몇 차례 있었으나 이렇다 할 성과를 거두진 못했다.

물론 우주의 본성에 해당할 만한 성질은 균일성과 프랙털성 말고도 많이 있다. 정말 가슴 설레게 하는 것은 관측 기술이 급속도로 발전하고 있어서 수학자와 우주론자들이 머지않아 우주의 모양과 구조에 관한 이런저런 근본 문제의 명확한 해답을 얻을지도 모른다는 점이다.

그런데 그 와중에도 기하학자들은 계속해서 새로운 기하학적 구조를 창안해 낸다. 그런 구조들은 저마다 제 나름대로 흥미진진한 세계, 미처 생각지도 못했던 존재들이 기거하는 세계다. 그곳에서는 '모양'과 '크기'라는 개념마저 새로운 의미를 띠게 되기도 한다. 우리가 과거에서 얻은 교훈은 얼마나 오래 있어야 각 새로운 수학적 산물의 용도를 찾게 될지, 실세계의 어느 곳에서 그것이 나타날지를 미리 알기란 불가능하다는 것이다. 한편 우리는 지난 3000년간 기하학geometry적 창의력에서 나온 산물을 '기하나무Geometree'의 형태로 그려 볼 수 있다. 이 나무의 뿌리는 훨씬 더 과거로 거슬러 올라가고, 가지들은 수세기 동안의 여러 발견과 창안에 뒤따른 성과를 나타낸다. 쓰임새가 있든 없든 이 나무의 가지와 열매들은 인간의 상상력이 낳은 놀라운 산물이니만큼 찬찬히 살펴볼 만한 가치가 있다. 또 하나의 천 년이 끝나 가는 지금 '기하나무'는 건강하게 잘 자라며 잎을 무성히 드리우고 있다. 어느 삼나무보다도 나이를 많이 먹었으며 어느 삼나무 못 지않게 장엄하다.

에필로그

미국의 뛰어나고 유별난 과학자 리처드 파인먼[124]은 물리학과 수학이 함께 끝없이 추는 복잡한 춤을 면밀히 관찰하며 감상하는 사람이었다. 둘은 때론 서로 꼭 껴안고 있어서 누가 누군지 구별이 잘 안 되기도 하고 때론 빙빙 돌며 점점 멀리 떨어져서 얼마간 사이를 두고 서로 눈치를 살피기도 한다. 《물리 법칙의 특성*The Character of Physical Law*》[125]에서 파인먼은 이렇게 말한다. "물리 법칙들은 모두 꽤 복잡하고 난해한 수학 이론 속의 순수하게 수학적인 진술이다. …… 왜냐고? 나도 전혀 모르겠다." 그리고 조금 뒤에 이렇게도 말한다. "수학을 이해하지 못하는 사람에게는 자연의 아름다움, 더없이 깊은 아름다움을 실감시켜 주기가 어렵다."

이 책에서 나는 어떤 길을 따라 수학 세계를 가로질러 자연의 한 측면 — 코스모스cosmos의 본질 — 이 보이는 곳에 이르고자 했다. 여기서 내가 말하는 '코스모스'란 최대 규모에서 질서,

구조, 형태를 갖춘 우주universe 전체를 뜻한다. 그 형태는 수학이라는 언어가 없으면 파악하기는커녕 묘사할 수조차 없다. 물리 법칙을 이해하려고 수학을 연구하는 것은 어떤 외국어로 쓰인 산문이나 운문의 독특한 맛과 멋을 어느 정도 알고 싶어서 그 언어를 충분히 배우는 것과 다르지 않다. 그런 과정에서 우리는 언어 자체에 반하게 될 수도 있다. 수학의 여러 분야 또한 마찬가지다. 처음에 우리가 주변 세상의 본질을 좀 더 깊이 통찰하려고 창안한 수학이라는 언어는 그 자체의 구조와 질서, 그 자체의 아름다움과 매력을 드러낸다. 이 이야기를 통해 수학의 이원성인 내적 아름다움과 외적 힘(외부 세계의 숨은 구조를 밝히는 힘)이 명백해졌으면 좋겠다.

감사의 말

내가 가장 감사해야 할 사람은 제임스 L. 애덤스다. 애덤스 덕분에 나는 수년 전 이런 의문에 직면하게 되었다. 수학이 이토록 아름다운 학문인데 어째서 학생들은 4년간 대학을 다니며 수많은 수학 강좌를 수강하고도 이를 전혀 알아차리지 못한단 말인가? 애덤스와 나는 그런 상황을 바로잡는 일에 착수했다. 우리는 알렉산더 페터와 함께 스탠퍼드대학교에서 '과학, 수학, 기술의 본질'이라는 강좌를 기획하고 진행하며 우리 분야들의 진수와 다양한 상호 연관성을 알려 주고자 했다. 이 책은 그 강좌의 일부였던 천문학·우주론 수업에서 비롯했다. 거기서 우리는 천문 관측 기술, 천체 물리학, 상대성 이론, 기하학과 위상 기하학이라는 수학 분야가 한데 어우러져 지금의 놀라운 우주 전체 그림이 만들어진 과정을 보여 주었다. 그것 말고도 제임스 애덤스와 메리언 애덤스에게 고마운 것이 있다. 두 사람은 초기 기획 단계에서부터 바로 그 강좌를 거쳐 지금의 이 책에 이르는 기나긴 진전 과정 내내 한결같이 성원과 친절을 베풀어 주었다.

이 책을 쓰는 과정의 여러 단계에서 중요한 역할을 했던 다음 사람들에게도 감사한다.

윌버 노어는 수학과 천문학의 역사에 대한 질문, 그중에서도 고대 그리스인과 관련된 질문에 언제든 답해 주었다.

마이클 버롤은 우주론에 대해 유익한 대화를 많이 나눠 주었으며 초기 단계의 원고에 관해 여러 사항을 제안하고 지적하고 논평해 주기도 했다.

폴 앨퍼스, 고든 고드버슨, 데이비드 호프먼, 헨리 랜도는 원고를 전부 다 읽고 여러 가지 유익한 의견을 내놓는 등 다각도로 도움을 주었다.

조 버터워스는 무엇보다 사서로서 여러모로 도움을 주었고, 랠프 문도 사서 보조원으로서 일을 거들어 주었다. 그리고 캘리포니아대학교 버클리캠퍼스 도서관 시스템에서는 수학서와 천문학서를 한 도서관에 함께 잘 갖춰 두어서 좋았다.

엘리자베스 캐츠넬슨과 샬린 퍼레라는 번번이 육필 주석이 새로 빼곡히 달린 원고를 깔끔하고 정확한 타자 원고로 차근차근 능숙하게 탈바꿈해 주었다.

수전 바세인은 엄청나게 공을 들여 정확하고 매력적인 삽화를 만들어 주었다.

질 니어림은 뛰어난 에이전트 훨씬 이상의 존재로서 이 책이 출판되는 전 과정에서 지혜가 담긴 조언과 도움을 주었다.

앵커북스의 담당 편집자 로저 숄은 이 책의 집필, 편집, 제작에 관한 온갖 세부 사항과 지칠 줄 모르고 씨름했으며, 최종 원고에 반영된 여러 가지 의견을 내놓았다.

그 밖에도 이 책을 펴내는 긴 과정에서 어떻게든 도움을 준 사람들이 많이 있다. 그중에서도 다음 분들에게 각별히 고마움을 전하고 싶다. 웬디 레서, 게일 그린, 다이앤 미들브룩, 칼 제라시, 배럿 오닐, 알렉산더 페터, 허먼 카처, 로베르 주르뎅, 낸시 쇼, 버드 스콰이어, 주디 스콰이어, 프리다 번바움, 알린 백스터, 줄리 드리스컬, 윌리엄 블랙웰, 조 크리스티, 장피에르 부르기뇽, 스탠퍼드대학교와 버클리 수리과학연구소의 수많은 동료와 직원들. 그리고 내 수업을 들은 여러 학생에게도 감사한다. 그들의 날카로운 질문과 흥미로워하거나 어리둥절해하는 표정은 이 책을 쓸 때 길잡이와 자극제가 되어 주었다.

끝으로, 슬론재단에도 깊이 감사한다. 그들은 이 책의 집필 계기가 된 강좌 및 이 책 자체를 기획할 때 아낌없이 재정 지원을 해 주었다.

주

이 책에 나오는 인용문 중 상당수는 다음 책에서 가져온 것이다.

Cole, K. C. *Sympathetic Vibrations: Reflections on Physics as a Way of Life.* New York: William Morrow, 1985(p.220의 파인먼 인용문 재인용).

Moritz, Robert Edouard. *Memorabilia Mathematica: The Philomath's Quotation Book.* New York: Macmillan, 1914. Reprinted by the Mathematical Association of America, 1993.

Schmalz, Rosemary. *Out of the Mouths of Mathematicians: A Quotation Book for Philomaths.* Washtington, D.C.: Mathematical Association of America, 1993.

Dyson, Freeman John. "Mathematics in the Physical Sciences," *Scientific American*, September 1964(8장에서 인용한 다이슨의 글 출처).

1   그 발견 사실을 발표한 사람은 해당 연구팀의 책임자인 캘리포니아대학교의 조지 스무트였다.

2   우주의 진화 과정 중 그 단계를 가리키는 전문 용어는 '디커플링decoupling'이다. 그 순간에 '공간이 탄생했다'는 말은 물체 사이의 공간, 즉 '우주 공간'이란 의미의 '공간'이 디커플링 시점 전에는 존재하지 않았다는 뜻이다. 공간적 크기는 그때도 존재했다. 이는 태양 내부에 공간적 크기가 존재하는 것과 같은 이치다.

3   제시된 그림이 '스냅 사진'이라는 것은 우주의 역사에서 특정 순간을 포착했다는 의미에서다. 하지만 그것이 만들어진 방식을 놓고 보면 '스냅 사진'과는 거리가 멀다. 그 그림은 방대한 원자료를 정교한 통계 방법으로 처리하고 약 6000개 방정식을 푼 다음 계산 결과를 그림의 형태로 변환해 얻은 최종 결과물이다.

4   다음 책을 참고하라. Otto Neugebauer, *The Exact Sciences in Antiquity*, Brown University Press, 1957.

5   지금까지 전해 오는 초창기 기하학적 증명의 예 가운데 몇몇은 BC 5세기에 나

온 것이다. 일례로 키오스의 히포크라테스Hippocrates of Chios는 아래 그림에서 색칠한 초승달 모양의 넓이를 정확히 구할 수 있다는 놀라운 사실을 발견했다. 그는 그 넓이가 그림 속의 삼각형 넓이와 똑같음을 제대로 증명해 냈다.

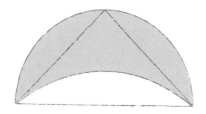

전후 사정을 더 알고 싶으면 윌버 노어Wilbur Knorr의 다음 책을 보라. *The Ancient Tradition of Geometric Problems*, Dover, New York, 1993, pp,26~32.

6　여기 인용해 놓은 정보 중 상당 부분은 《옥스퍼드 클래식 사전*Oxford Classical Dictionary*》에 나오는 내용이다.

7　원에 매료되다 못해 집착하기까지 하는 경우도 더러 있었다. 프톨레마이오스는 물론이고 코페르니쿠스도 동심원을 겹겹이 그려 태양계 모형을 만들었고, 심지어 케플러마저도 자신이 모은 증거를 한동안 제대로 이해하지 못하다가 나중에 가서야 행성 궤도가 원형이 아니라 타원형임을 깨달았다. (아서 코스틀러Arthur Koestler의 다음 책을 보면 이런 이야기가 아주 잘 서술되어 있다. *The Watershed*, Anchor, New York, 1960; reprinted by the University Press of America, 1984. 코스틀러의 다음 책 4부 'The Watershed'에도 같은 내용이 나온다. *The Sleepwalkers*, Grosset & Dunlap, New York, 1959.)

8　아리스토텔레스의 책 《하늘에 관하여*On the Heavens*》 2권 14장을 보면 알 수 있다.

9　지구 위 한 점의 '위도'는 그 점과 적도의 거리를 나타내는 척도다. '도' 단위로 측정하는데, 적도에서 0도로 시작해 극점에서 90도에 이른다. '위선'은 해당 위도에서 적도에 평행한 원이다.

10　1년 중 중요한 다른 두 날로 춘분과 추분이 있다. 이 두 날에는 태양이 정확히 동쪽에서 뜨고 정확히 서쪽으로 진다. 나머지 모든 날에는 태양이 동남쪽이나(겨울) 동북쪽에서(여름) 뜨고, 그노몬 그림자의 끝이 그리는 경로가 북쪽이나(겨울) 남쪽으로(여름) 굽어 있다. 춘분과 추분에는 그 그림자 끝이 동서 방향으로 직선을 그린다.

11 에라토스테네스가 내놓은 계산법의 요점 중 하나는 태양까지 거리가 계산상의 나머지 모든 거리에 비해 워낙 멀므로 당시 상상 가능하던 측정 정확도의 범위 안에선 지구의 각 지점에서 본 태양의 방향이 모두 같다고 볼 수 있다는 것이다. 바꿔 말하면 알렉산드리아와 아스완에서 태양까지 이어지는 두 직선이 서로 평행하다고 가정해도 괜찮다는 얘기다. 위치별로 현저히 다른 점은 각 지점의 '수직' 방향인데, 그 차이는 지구 표면의 곡률을 정확히 반영한다. 널리 읽히는 몇몇 책(Lloyd A. Brown, *The Story of Maps*, Brown and Company, Boston, 1949, p.31; Simon Berthon and Andrew Robinson, *The Shape of the World*, Rand McNally, Chicago, 1991, p.23)에서 에라토스테네스의 계산법을 설명할 때 곁들인 그림을 보면, 지구의 두 지점에서 바라본 태양의 방향이 뚜렷이 다르게 나타나 있어서 바로 그 두 방향 사이의 각이 계산에 들어가는 것처럼 보인다. 사실 알렉산드리아에서 본 태양 방향과 아스완에서 본 태양 방향 사이의 각은 1000분의 1도에도 한참 못 미치는 값이다.

12 에라토스테네스의 목표와 절차에 대한 현대적 담론과 참고 문헌을 보고 싶으면 다음 책을 보라. Bernard R. Goldstein, "Eratosthenes and the 'Measurement' of the Earth," *Historia Mathematica* 11 (1984), pp.411~416.

13 원의 또 다른 기본 속성 중 하나는 한 원의 작은 일부(호)만 알아도 그 원 전체를 알아낼 수 있다는 것이다. 바로 그런 속성 덕분에 에라토스테네스는 알렉산드리아와 아스완 사이의 작은 호를 바탕으로 지구 전체 둘레를 추정할 수 있었다. 《잃어버린 시간을 찾아서》에서 프루스트는 누군가가 '당신과 똑같은' 다른 사람을 만나고 싶어 하리라는 생각이 잘못되었음을 원의 그런 속성에 빗대어 설명하기도 한다.

14 열왕기 상권 7장 23절: "이어서 히람은 녹인 놋쇠를 부어 커다란 대야를 만들었다. 그 대야는 한쪽 끝에서 반대쪽 끝까지 길이가 10큐빗이었고, 모양이 둥글었으며, …… 둘레가 30큐빗이었다."

이 구절은 성경에 따르면 π 값이 정확히 3이라는 뜻으로 해석되기도 했다. 하지만 그런 해석에서는 그때그때 목적에 따라 치수를 적당히 반올림하는 것이 당시나 지금이나 일반 관습이라는 사실을 무시하고 있다.

15 중세 이슬람의 수학과 천문학에 대해서는 주로 다음 책을 참고했다. J. L. Berggren, *Episodes in the Mathematics of Medival Islam*, Springer, New York, 1986. 다음 고전도 유용했다. J. L. E. Dreyer, *A History of Astronomy from Thales to Kepler*, Dover, New York, 1953.

16 알카시가 밝힌 계산 동기가 무엇이었든 간에 π를 좀 더 정확히 계산하려는 욕구는 시공을 초월하는 듯하다. 다음은 정확한 계산으로 넘어선 자릿수에 대한 기

록 중 일부다.

5	5세기	조충지	중국
10	1424년	알카시	사마르칸트
100	1706년	존 매친John Machin	런던
1000	1949년	J. W. 렌턴 J. W. Wrench	미국
1만	1957~1958년	G. E. 펠턴G. E. Felton F. 제위스F. Genuys	런던 파리
10만	1961년	대니얼 섕크스Daniel Shanks와 J. W. 렌치	워싱턴 D.C.
100만	1974년	J. 기유J. Guilloud와 M. 부예M. Bouyer	파리
1000만	1985년	가네다金田	도쿄
1억	1987년	가네다	도쿄
10억	1989년	데이비드 추드놉스키David Chudnowsky와 그레고리 추드놉스키Gregory Chudnowsky 가네다	뉴욕 도쿄

〈뉴요커*New Yorker*〉 1992년 4월 호에 실린 리처드 프레스턴Richard Preston의 "파이의 산The Mountains of π"이라는 글에서는 추드놉스키 형제의 생애와 업적, 그리고 그들이 당시 π 값을 소수점 이하 20억여째 자리까지 계산해 낸 기록적인 일에 대해 이야기한다.

π와 관련된 여러 문제에 대한 특이하지만 재미있는 읽을거리로 다음 책이 있다. Peter Beckman, *A History of π*, St. Martin's Press, New York, 1974.

17 조충지(429~500)를 비롯한 중국 수학자의 업적에 대해 더 알고 싶으면 다음 책을 보라. Lǐ Yan and Dù Shíràn, *Chinese Mathematics: A Concise History*. 다음 책도 참고하라. Joseph Needham, *Science and Civilization in China*.

18 대항해 시대 콜럼버스를 비롯한 탐험가들의 항해에 대해서는 주로 다음 책을 참고했다. Samuel Eliot Morison, *Admiral of the Ocean Sea: A Life of Christopher Columbus*, Little, Brown, Boston, 1942. 이 주제를 다룬 유명한 책은 그 밖에도 많이 있다. Björn Landström, *Columbus*, Macmillan, New York, 1967; Daniel J. Boorstin, *The Discoverers*, Vintage Books, New York, 1985; Lloyd A. Brown, *The Story of Maps*, Little, Brown, Boston, 1949; Simon Berthon and Andrew Robinson, *The Shape of the World*, Rand McNally, Chicago, 1991. 아래 주에서 이 중 어느 책을 구체적으로 가리킬 때는 저자의 이름만 댈 것이다.

19 프톨레마이오스가 《알마게스트》에 직접 붙인 원래 제목은 "수학 논문

Μαθηματικὴ Σύνταξις"이었다. 다음 책을 참고하라. O. Pedersen, *A Survey of the Almagest*, Odense, Denmark, University Press, 1974.

20 사크로보스코와 《구》에 대해서는 주로 다음 책을 참고했다. Lynn Thorndike, *The Sphere of Sacrobosco and Its Commentators*, University of Chicago Press, Chicago, 1949.

21 사크로보스코가 이를 자세히 설명하진 않지만, 아마도 특정 순간을 지목할 때는 월식 같은 천문 현상을 이용했을 것이다. 천문 현상은 지구 곳곳에서 동시에 일어나기 때문이다. 그런 순간에 하늘의 여러 별의 위치를 주의 깊게 잘 살펴보다 보면, 프톨레마이오스가 말했듯 별 뜨는 시각이 지역별로 다르다는 사실을 알아차릴 수 있었을 것이다. 사실 이 경우에는 이론이 관찰보다 앞섰을 수도 있다. 프톨레마이오스는 한 지점에서 보이는 별들이 먼 북쪽의 다른 지점에선 안 보이므로 지구가 남북으로 굽었을 것이라고 추론했는데, 수백 년 전에 아리스토텔레스도 그렇게 이야기한 바 있다(《하늘에 관하여》 2권 14장에는 지구가 구형이라고 봐야 할 이유가 이것 말고도 몇 가지 더 나온다). 당시에는 수많은 별이 박힌 천체가 구형 지구를 중심으로 회전한다고 상상했으므로, 특정 별이 지평선 위에 처음 나타나는 시각이 경도에 따라 다르리라는 결론이 나올 수밖에 없었다.

한 가지 덧붙여 말하면, 콜럼버스가 카리브해에서 발견한 몇몇 섬의 경도를 처음 밝혀낸 것도 다름 아닌 현지의 월식 시간에 주의를 기울인 덕분이었다. Morison, p.655를 참고하라.

22 그들이 콜럼버스의 계획에 그런 식으로 반대했다는 이야기는 콜럼버스의 아들 페르난도가 쓴 글에 나온다. 다음을 보라. Landström, p.39.

23 그 팀이 어떻게 구성되었는지 알고 싶으면 다음을 보라. Morison, p.69.

24 둘째 요건의 구체적 의미는 지도상의 각이 지구상의 해당 각과 똑같아야 한다는 것이다. 지도의 그런 속성을 '정각성'이라고 부른다. 예컨대 어떤 두 도로가 특정 각도로 교차하면, 지도에서 그 도로를 나타내는 두 선도 같은 각도로 교차해야 한다. 이 요건과 둘째 요건(지구상의 남북 방향 선이 지도상에 수직선으로 그려져야 한다는 요건)을 모두 충족하려다 보면, 동서 방향의 선을 수평선으로 그리게 되고 나머지 방위도 모두 그런 식으로 지도에 옮기게 된다.

25 왜 그런지 이해하는 한 방법은 다음과 같다. 남북 방향이 지도상의 수직 방향에 해당하므로, 지구상의 각 자오선은 지도상의 수직선에 해당할 것이다. 모든 방위가 정확하게 그려지므로, 어떤 지점에서든 동서 방향은 지도상의 수평 방향에 해당한다. 따라서 지구상의 각 위선은 지도상의 수평선에 해당한다. 지도상의 그런 두 인

접 수평선 사이의 거리를 지구상의 두 해당 위선 사이의 거리로 나누면 지도의 수직 방향 축척이 나오는데, 따라서 수직 방향 축척은 위선별로 어느 점에서든 일정할 수밖에 없다(엄밀히 말하면 수직 방향 축척은 그 비율의 극한값, 즉 두 선이 서로 한없이 가까워질 때 그 비율이 가까워지는 값이라고 봐야 한다). 그런데 선형 대수학의 공리에 따르면 어떤 점에서 방향이 보존되는 경우 그 점에서 수평 방향 축척은 수직 방향 축척과 같을 수밖에 없다. 그러므로 수평 방향 축척 또한 위선별로 어느 점에서든 일정하다.

26　메르카토르 도법을 고안한 취지는 다음과 같다. 지구상의 남북 방향이 지도 상의 수직 방향에 해당하게 하려면, 각 자오선을 지도에 수직선으로 그려야 한다. 두 자오선의 간격은 적도에서 가장 넓고 극점에 가까워질수록 점점 좁아지는 반면 지도상의 두 해당 수직선은 서로 평행해 간격이 일정하므로, 자오선 사이의 동서 방향 거리는 지도상에서 적도에서 극점으로 갈수록 점점 더 늘어난다. 메르카토르의 핵심 아이디어는 모든 방향이 정확히 나타나게 하려면 지도에서 자오선을 '따라' 거리를 늘이는 정도가 자오선 '사이'의 거리를 늘이는 정도와 똑같게 해야 한다는 것이었다. 다시 말해 각 점에서 수평 방향 연장 정도와 수직 방향 연장 정도가 똑같게 해야 한다는 얘기였다. 메르카토르가 한 일은 그런 요건을 최대한 충족하는 지도를 그리는 것이었다.

　　메르카토르 도법의 수학 원리에 대해 더 알고 싶으면 다음 논문으로 보라. F. V. Rickey & Philip M. Tuchinsky in *Mathematics Magazine*, Vol. 53 (1980), pp.162～166.

27　가로 방향의 x축과 세로 방향의 y축을 갖춘 일반 직교 좌표계로 메르카토르 지도를 규정하고자 한다면, 적도를 x축에 겹쳐 놓을 수 있다. 임의의 점의 x 좌표는 그 점의 경도의 상수 배일 것이고, y 좌표는 다음 식의 상수 배일 것이다.

$$\log \frac{1+\sin d}{\cos d}$$

　　여기서 d는 위돗값이다(적도를 기준으로 북쪽의 위돗값은 양수로, 남쪽의 위돗값은 음수로 간주한다). 극점에서 이 식은 무한대가 되는데, 바로 그런 사실에서 메르카토르 도법에 대한 두 가지 주요 반론이 비롯된다. 하나는 그 지도에서 양극 주변 지역이 누락될 수밖에 없다는 것이고, 나머지 하나는 적도에서 멀어질수록 크기가 점점 더 과장된다는 것이다. 하지만 본문에서 설명한 단순한 원통 도법을 쓰면 그런 결점이 둘 다 나타날 뿐 아니라 그 정도가 훨씬 심하기도 하다.

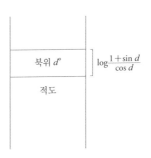

북위 $d°$ $\qquad$ $\log \dfrac{1 + \sin d}{\cos d}$

적도

28　로그는 1614년 존 네이피어John Napier가 발명했다.

29　적분법은 계속 변화하는 수량의 누적 효과를 평가하는 수학적 방법이다. 가령 축척이 일정한 지도가 존재한다면 지구상의 실거리를 구하고자 할 때 지도상의 거리를 잰 다음 그 값에 축척의 역수를 곱하기만 하면 된다(축척이 거의 일정한 좁은 지역의 거리를 추산할 때는 실제로 이런 방법을 쓴다). 하지만 메르카토르 지도에서는 축척이 위도별로 다르다. 지구상에서 정북쪽으로 이동하는 일은 지도상에서 축척이 계속 변하는 가운데 수직으로 이동하는 일에 해당한다. 그럴 때 지도에서 점증하는 세로 좌푯값은 축척의 변화율을 '적분'해서 구할 수 있는데, 실제로 계산해 보면 위와 같은 식이 나온다.

30　항해용 지도가 곧 메르카토르 지도라는 증명은 앞서 언급한 항해용 지도의 속성, 즉 수평선을 따라 축척이 일정하다는 속성에 근거한다. 게다가 앞의 한 주에서 살펴보았듯 우리는 그런 위도별 축척이 정확히 얼마인지 쉽게 알아낼 수 있다. 그리고 각이 보존되려면 위도별로 남북 방향 축척과 동서 방향 축척이 일치해야 한다. 이는 우리가 지구상의 위도에 대한 지도상의 세로 좌푯값 변화율을 알 수 있다는 뜻인데, 그 변화율은 1/cos d의 상수 배인 것으로 밝혀졌다. 그렇다면 메르카토르 지도의 경우에서 보았듯 적분으로 양함수 형태의 공식을 얻을 수 있다.

31　구면을 축척이 일정한 지도로 나타내기란 불가능하다는 오일러의 증명은 1775년에 나왔다. 그해에 오일러는 그 증명이 실린 "구면을 평면에 나타내는 일에 관하여On Representations of a Spherical Surface on the Plane"란 논문을 상트페테르부르크 과학아카데미에 제출했다. 그 논문은 라틴어로 되어 있으며, 《오일러 전집》(1집 28권 pp.248~275)에도 실렸다. 그 책 251~253쪽에 나오는 오일러의 증명 방법은 전형적인 '귀류법'이다. 그는 축척이 일정한 지도가 '존재한다'고 가정한 다음

그 가정에 따라 몇 가지 계산을 하면 모순이 발생함을 보임으로써 원래 가정(축척이 일정한 지도가 존재한다는 가정)이 잘못됐다는 결론을 이끌어 낸다.

32 예를 들면 미국 지질조사국에서는 열여섯 가지 도법을 사용해 지도를 발행한다. 그런 도법과 역사적 배경에 대해 자세히 알고 싶으면 다음 책을 보라. John P. Snyder, *Map Projctions Used by the U.S. Geological Survey*, Geological Survey Bulltin 1532, U.S. Government Printing Office, Washington, D.C., 1983. 다음 책에서는 더 광범위하게 몇백 가지 도법과 각각의 실례 및 방정식을 소개한다. John P. Snyder and Philip M. Voxland, *An Album of Map Projections,* U.S. Geological Survey Professional Paper, 1453, U.S. Government Printing Office, Washington, D.C., 1989.

33 다음 책을 참고하라. J. L. Berggren, *Episodes in the Mathematics of Medival Islam*, Springer, New York, 1986, p.10. 더 자세히 알고 싶으면 다음 논문을 보라. Berggren, "Al-Biruni on Plane Maps of the Sphere," in *Journal for the History of Arabic Science*, Vol 6, 1982, pp.47~80; 특히 p.67.

34 베토벤은 1770년 12월 16일 본에서 태어났고, 가우스는 1777년 4월 30일 브라운슈바이크에서 태어났다. 가우스와 베토벤의 유사점 중에는 키가 작아도 몸이 실팍하고 다부졌다는 신체 특징도 있다(두 사람의 유사점에 대해서는 5장에서 조금 더 이야기할 것이다). 또 그들은 둘 다 가난한 가정에서 태어나 모질고 사나운 아버지의 변덕에 시달리기도 했다.

35 이 라틴어 표현 때문에 가우스는 '수학의 왕'이란 별칭으로도 많이 불리게 됐다. 수학계에서는 가우스와 같은 수준의 수학자가 역사를 통틀어 단 두 명, 아르키메데스와 뉴턴뿐이라고 한다.

36 전신기의 역사와 가우스 및 베버의 역할에 대해 더 알고 싶으면 다음 책을 보라. W. K. Bühler, *Gauss: A BioGraphical Study*, Springer, New York, p.129.

37 이 곡선의 방정식은 $y=e^{-v^2}$이다. 이 곡선은 '정규 분포 곡선'이라고도 많이 불린다.

38 이 이야기는 전해 오는 형태에 따라 수의 범위에서 차이가 나기도 하지만, 계산의 기본 원리는 모두 같다.

39 "It ain't what you do, it's the way that you do it; that's what gets results." 1982년 펀보이스리Fun Boy Three와 바나나라마Bananarama가 1939년 곡 "Taint What You Do"를 리메이크해 발표한 "It Ain't What You Do"의 가사. — 옮긴이

40 그 일반 문제는 '등차수열'의 합을 구하는 문제다. 등차수열이란 서로 이웃하는 두 항의 차가 일정한 수열을 말한다.

41 양극을 잇는 대원을 따라 지구를 자른 단면은 단축(북극과 남극 사이의 직선거리)이 12,714킬로미터이고 장축(지구의 적도 지름)이 12,756킬로미터인 타원에 가깝다.

42 지구의 적도 둘레가 25,000마일이 조금 못 되고 원의 한 바퀴가 360°이므로, 적도에서 중심각이 1°인 호의 길이는 25000÷360≒70마일(약 113킬로미터)이 조금 못 된다.

43 갖가지 곡률 개념은 '미분 기하학'이란 수학 분야에서 비중 있게 다루는 주제 중 하나다. 곡선의 경우 한 점에서의 곡률은 그 점 부근에서 해당 곡선에 가장 가까운 원의 반지름의 역수로 정의된다. 곡면의 경우에는 점마다 '주곡률'이 두 개씩 있다. 주곡률이란 해당 점에서 곡면에 수직인 평면으로 곡면을 잘랐을 때 생기는 곡선들의 곡률 중 최댓값과 최솟값을 말한다. (그런 곡선들의 곡률에는 부호도 붙는다. 양의 부호가 붙느냐 음의 부호가 붙느냐는 곡선이 접평면의 어느 쪽에 있는지에 따라 결정된다.) 가우스 곡률은 두 주곡률의 곱이다. 한 점에서 가우스 곡률이 양수이면, 그 점 부근의 곡면은 구면이나 타원체면처럼 접평면의 한쪽에 있다. 가우스 곡률이 음수이면, 해당 점 부근의 곡면은 모래시계형 곡면의 허리 부분처럼 접평면과 교차한다.

44 $y=2x+3$처럼 한 변수가 다른 변수의 식으로 표현된 함수. 반대 개념인 음함수는 $x^2+y^2-1=0$처럼 두 변수가 복합된 형태로 표현된 함수다. ─ 옮긴이

45 distance as the crow flies. 보통 '직선거리'라는 뜻으로 쓰이는 표현이지만, 여기서는 두 점을 잇는 최단 선이 직선이 아닌 경우와 바로 뒤에 이어지는 설명을 감안해서 이렇게 풀어 옮겼다. ─ 옮긴이

46 사람들은 대부분 '측지선geodesic'이란 말을 들으면 건축가 버크민스터 풀러의 유명한 지오데식 돔을 떠올린다. 지오데식 돔에 대한 흥미로운 이야기를 읽고 싶으면 다음을 보라. Tony Rothman, "Geodesics, Domes, and Spacetime," *Science à la Mode*, Princeton: Princeton University Press, 1989.

47 반지름이 r인 구의 표면에 있는 측지삼각형(각 변이 대원의 호에 해당하는 삼각형)의 내각 합을 s라 하고 그 삼각형의 넓이를 A라 하면, A를 구하는 공식은 다음과 같다.

$$A=\pi r^2\left(\frac{s}{180}-1\right)$$

(이 공식은 1629년 프랑스 태생의 수학자 알베르 지라르Albert Girard가 처음 내놓

앗다.) 넓이 A와 내각 합 s를 측정하고 이 공식을 이용하면 구의 반지름 r을 구할 수 있다.

48 가우스가 내놓은 정확한 공식은 면적분이란 개념과 관련이 있다. 곡면 위에 있는 측지삼각형의 (도 단위로 측정한) 내각 합 s는 다음과 같다.

$$s=180+\frac{180}{\pi}\int KdA$$

여기서 K는 가우스 곡률이고 적분은 삼각형 내부에 대한 적분이다. 평면에서는 $K=0$이므로 어떤 삼각형이든 $s=180$이다. 반지름이 r인 구의 표면에서는 $K=1/r^2$이므로 $\int KdA=A/r^2$인데, 여기서 A는 삼각형의 넓이다. 그렇다면 $s=180(1+A/\pi r^2)$이다. 이것은 위에 나온 지라르의 구면 삼각형 넓이 공식과 같다. 일반적으로 곡률이 양수인 곡면에서는 $K>0$, $\int KdA>0$이고 내각 합 s가 180도보다 크다. 곡률이 음수이면 $K<0$이고 s가 180도보다 작다.

49 다른 방법을 쓸 수도 있는데 굳이 표면 측정만으로 곡률을 계산하려는 사람은 사실상 없을 것이다. 그러려면 삼각형 넓이나 원 둘레처럼 대체로 측정하기 까다로운 수량을 아주 정확하게 측정해야 하기 때문이다. 하지만 그런 일이 이론적으로 가능하다는 사실에는 '축척이 일정한 지도를 만들기가 불가능하다'는 중요한 결론이 뒤따른다. 게다가 이따 리만에 대해 얘기할 때 알게 되겠지만 다른 방법을 쓸 수 없는 경우가 존재할 수도 있다.

50 그런 '원'을 가리키는 전문 용어는 '측지원geodesic circle'이다.

51 베르트랑과 퓌죄의 정리에 따르면 곡면 위 점 p에서의 가우스 곡률은 다음 식과 같다. 중심이 p이고 반지름이 r인 측지원의 둘레를 $L(r)$이라고 하자. 그러면 r이 작은 경우에는 다음 식이 점 p에서의 곡률값에 아주 가깝다.

$$\frac{3}{\pi}\frac{2\pi r-L(r)}{r^3}$$

그 곡률의 정확한 값은 다음과 같은 극한값이다.

$$K=\lim_{r\to 0}\frac{3}{\pi}\frac{2\pi r-L(r)}{r^3}$$

원둘레 $L(r)$은 곡률이 양수($K>0$)이면 유클리드 평면의 원둘레인 $2\pi r$에 못 미칠 것이고, $K<0$이면 $2\pi r$보다 클 것이다. r이 작은 경우 $L(r)$은 $2\pi r - K\pi r^3/3$에 아주 가깝다.

52 가우스는 그 논문에 "일반 곡면론Disquisitiones Generales Circa Superficies Curvas"이란 제목을 붙였다. 다음 논문에는 원본과 영역본이 둘 다 실려 있고 전후 사정도 아주 잘 개괄되어 있다. Peter Dombrowski, ""150 Years after Gauss' Disquisitiones Generales Circa Superficies Curves," *Asterisque* 62, Société Mathématique de France, Paris, 1979.

53 '허수'는 모두 $2i$, $\sqrt{3}i$, $-i$처럼 i에 실수를 곱한 형태로 나타낸다. '복소수'는 $2+3i$처럼 실수와 허수를 합한 형태로 나타내는 수다.

54 다음 책에는 비유클리드 기하학과 관련된 온갖 문제가 아주 잘 소개되어 있다. B. A. Rosenfeld, *A History of Non-Euclidean Geometry: Evolution of the Concept of a Geometric Space*, Springer, New York, 1988.

55 《순수 이성 비판》에서 칸트는 유클리드 기하학을 선험적 지식으로, 즉 우리가 경험에 근거하지 않고 세상을 인식하는 방식의 일부로 간주한다. 유클리드 기하학에 대한 칸트의 견해를 더 자세히 논한 글을 읽고 싶으면 다음을 보라. Richard J. Trudeau, *The Non-Euclidean Revolution*, Birkhäuser, Boston, 1987의 3장과 Michael Friedman, *Kant and the Exact Science*, Harvard University Press, Cambridge, 1992의 1부.

56 독자 가운데 일부는 톰 레러의 노래 〈로바쳅스키〉를 많이 들어 보았을 텐데, 그 노래의 후렴에서 레러는 로바쳅스키가 한 말이라며 "표절하라Plagiarize!" 하고 외쳐 댄다. 이를 아는 독자들은 로바쳅스키가 무슨 짓을 했기에 그런 이야기가 나왔는지 궁금해할 수도 있겠다. 답은 '그럴 만한 짓은 전혀 하지 않았다'는 것이다. 그 노래에서는 어쩌다 보니 그의 이름이 가사의 일부로 필요했을 뿐이었다.

57 공리와 관련해서 보자면 유클리드 기하학과 비유클리드 기하학의 차이는 유클리드 제5공리의 위상이다. 뜻을 그대로 유지하면서 유클리드와 달리 표현하면 제5공리는 직선 밖의 한 점을 지나면서 그 직선과 평행한 직선이 하나만 존재한다는 것이다. 이 속성은 알고 보면 삼각형 내각의 합이 180°라는 조건과도 동치다. 로바쳅스키는 유클리드 제5공리를, 직선 밖의 한 점을 지나면서 그 직선과 평행한 직선이 '여러 개' 존재한다는 공리로 대체했는데, 이는 따져 보면 삼각형 내각의 합이 180°보다 '작다'는 속성과 동치다.

58 볼프강은 야노시 보여이의 아버지가 특정 상황에서 썼던 독일어 이름이다. 그가 자주 썼던 헝가리어 이름은 퍼르커시다.

59   가우스가 그런 면모를 드러낸 것은 그때만이 아니었다. 또 다른 뛰어난 젊은 수학자가 어떤 획기적인 발견 내용을 보여 주었을 때도 가우스는 일언지하에 퇴짜를 놓았다. 그 사람은 스물세 살의 노르웨이인 닐스 헨리크 아벨Niels Henrik Abel이었다. 그는 대수 방정식의 해법과 관련된 주요 대수학 문제 중 하나를 천만뜻밖의 방식으로 해결해 냈다. $x^2-3x+4=0$ 같은 2차 방정식을 모두 양함수 형태의 공식(근의 공식)으로 풀 수 있다는 사실은 아주 오래전부터 알려져 있었다. $x^3-3x^2+5x-2=0$ 같은 3차 방정식은 알고 보니 훨씬 풀기 어려웠다. 3차 방정식의 일반식을 푸는 방법, 즉 해(근)를 계수로 표현하는 방법은 16세기에 가서야 발견되었다. (2차 방정식의 일반식 $ax^2+bx+c=0$을 푸는 공식은 $x=(-b\pm\sqrt{b^2-4ac})/2a$)다. x^4으로 시작해서 각 항의 차수가 순차적으로 낮아지는 4차 방정식의 일반식 또한 양함수 형태의 공식으로 풀 수 있지만, 5차 방정식의 일반해는 300년간 수많은 사람이 노력을 기울였는데도 아무도 알아내지 못했다. 아벨은 처음에 자신이 해법을 찾았다고 생각했으나, 그 계산 과정에 오류가 있음을 알아차린 후 놀라운 결과에 이르렀다. 일반해를 구하기가 '불가능함'을 증명해 낸 것이다. 가우스는 바로 그 걸작을 대충 보아 넘기는 바람에 그것의 가치를 알아보지 못했다고 한다.

60   가우스가 관련 연구물을 발표한 적은 한 번도 없었지만, 지금까지 남아 있는 얼마간의 편지를 보면 그의 연구 범위를 분명히 알 수 있다.

61   다음 논문을 참고하라. Arthur I. Miller, "The Myth of Gauss' Experiment on the Euclidean Nature of Physical Space," *Isis* 63 (1972), pp.345~348.

62   이 논문의 정확한 서지 정보는 다음과 같다. N. Lobatschewsky, "Géométrie imaginaire," *Crelle's Journal*, Vol. 17 (1837), pp.295~320. (Lobatschewsky는 로바쳅스키의 여러 표기법 중 하나다.)

63   이 학술지의 원제목은 〈크렐레 수학 저널*Journal für die reine und angewandte Mathematik*〉이다. 아우구스트 레오폴트 크렐레August Leopold Crelle(1780~1855)는 수학사에서 주목할 만한 유별난 인물이었다. 직업이 토목 공학자이던 그는 수학광으로서 여러 가지 일에 영향을 미칠 의욕과 노하우를 갖추고 있었다. 직업 생활에서 크렐레는 독일 최초의 철도를 건설하는 일을 맡았다. 1828년부터는 프로이센 교육부의 수학 자문 위원으로 일하기도 했는데 그런 지위에 있다 보니 학교의 수학 교육 방식에 상당한 영향을 미칠 수 있었다. 그는 수학의 실용적 측면을 최우선시하면 안 된다고, 수학의 발전 방식에서나 교육 방식에서나 수학 자체에 대한 고찰이 최우선시되어야 한다고 믿었다.

크렐레는 1826년 〈크렐레 저널〉을 창간했다. 처음에 그는 야심 차게 아벨의 여러 논문을 연속해 실었는데 그중에는 5차 방정식의 일반해가 존재하지 않음을 증명한 멋진 논문도 있었다.

64   사실 민딩은 유사구면 하나만 지목하지 않고, 그 공식을 곡률이 일정 음수인 모든 곡면 위의 측지삼각형에 적용할 수 있다고 말한다. 그는 자신이 지난해에 발표한 논문을 언급하며 곡률이 일정 음수인 곡면의 예를 드는데, 그중 하나가 바로 유사구면이다.

65   *Crelle's Journal*, Vol. 20 (1840), pp.323~327에 실린 민딩의 논문 중 p.324. 민딩이 내놓은 공식은 다음과 같다.

$$\cos a\sqrt{k} = \cos b\sqrt{k} \cos c\sqrt{k} + \sin b\sqrt{k} \sin c\sqrt{k} \cos A$$

여기서 a, b, c는 곡률이 k로 일정한 곡면 위에 있는 삼각형의 변 길이이고, A는 길이가 a인 변의 대각이다. 곡면이 반지름이 R인 구의 표면이라면 $k = 1/R^2$인데, 그 결과로 나오는 공식은 구면 삼각형과 관련된 공식으로 잘 알려져 있었다. 곡면의 곡률이 음수라면, 가령 $k = -1$이라면 $\sqrt{k} = \sqrt{-1} = i$인데, $\cos ix = \cosh x$, $\sin ix = i \sinh x$라는 공식을 이용하면(여기서 cosh와 sinh는 이른바 쌍곡코사인과 쌍곡사인이라는 것이다) 다음과 같은 식을 얻을 수 있다.

$$\cosh a = \cosh b \cosh c - \sinh b \sinh c \cos A$$

이 식은 〈크렐레 저널〉에 실린 로바쳅스키의 1837년 논문 296쪽 맨 위에 나오는 표기법을 적용하면 그 논문 298쪽의 10번 수식과 같은 형태가 된다. 이 경우에 a, b, c는 가우스 곡률이 −1로 일정한 곡면 위에 있는 삼각형의 변 길이이고, A는 마찬가지로 변 a의 대각이다. 이 식은 삼각법을 공부하는 학생들의 눈에 익은 다음 공식에 상당하는 비유클리드 기하학 공식이다.

$$a^2 = b^2 + c^2 - 2bc \cos A$$

66   람베르트는 사실 당대 독일의 '유일한' 유명 수학자였다. 그는 가우스가 태어난 해인 1777년 세상을 떠났는데, 그 결과로 독일에는 가우스가 활동하기 전까지 저명한 수학자가 단 한 명도 없었다. 다음 책에서는 18세기 말 수학의 불모지였다가 19세기 중반 세계적 중심지가 된 독일의 놀라운 변화를 다룬다. *Möbius and Band*, edited by John Fauvel, Raymand Flood, and Robin Wilson, Oxford University Press,

Oxford, 1993.

67   다음 책에는 π가 무리수라는 사실에 대한 아주 짧은 현대적 증명이 나온다. Ivan Niven, *Irrational Numbers*, Carus Mathematical Monographs, No, 11, Mathematical Association of America, 1956, pp.19~21.

68   로바쳅스키 평면을 일반 평면에 옮겨 나타내는 모든 모형에서 왜곡이 발생할 수밖에 없는 까닭은 가우스가 증명했듯 축척이 일정한 지도를 정확히 만들려면 곡률을 원래대로 유지해야 하기 때문이다. 로바쳅스키 기하학은 곧 곡률이 음수인 곡면에 대한 기하학이므로, 축척이 일정한 지도가 있다면 모두 곡률이 마찬가지로 음수일 것이다. 하지만 평면은 곡률이 0이므로, 축척이 일정한 지도를 평면에 만드는 일은 불가능하다.

69   갈릴레이의 관성 법칙을 사고 실험과 관련지어 설명할 수 있다는 생각은 다음 책에서 빌려 온 것이다. Albert Einstein & Leopold Infeld, *The Evolution of Physics*, Simon & Schuster, New York, Touchstone edition, pp.5~11. 한 가지 덧붙여 말하면, "초창기 개념에서 상대론과 양자론에 이르기까지 생각의 발전 과정The Growth of Ideas from Early Concepts to Relativity and Quanta"이란 부제가 붙은 아인슈타인과 레오폴트 인펠트Leofold Infeld의 그 1938년작 대중 과학서는 물리학의 기본 개념을 일반인도 이해할 수 있도록 쉽게 풀어 설명한 걸작이다.

70   적도면 위에 있는 반지름이 r인 원의 둘레를 $L(r)$이라고 하면, '지구 적도면의 공간 곡률'은 다음 식에 가깝다.

$$\frac{3}{\pi}\frac{2\pi r - L(r)}{r^3}$$

이 식의 결괏값은 반지름 r에 따라 크게 달라지지 않아야 한다. 일련의 동심원을 살펴보면 우리가 결괏값이 r에 따라 크게 달라지지 않는 범위 안에 있는지 확인할 수 있다. 적도면 공간 곡률의 정확한 이론값은 다음과 같은 극한값으로 나타낸다.

$$\lim_{r \to 0}\frac{3}{\pi}\frac{2\pi r - L(r)}{r^3}$$

이 값은 베르트랑과 퓌죄의 공식에 따르면 반지름이 r인 원의 둘레를 $L(r)$이라 할 때 원 중심점에서의 곡면 곡률과 똑같다.

71   일반 (유클리드) 기하학에서 원둘레를 6등분하는 점 여섯 개는 정삼각형 여섯 개로 구성된 정육각형의 꼭짓점이 된다. 이웃하는 점 사이의 거리는 각 점과 중

심의 거리와 같다.

72　이 용어를 쓴 까닭인즉 지구를 동반구와 서반구로 나누지 않고 북반구와 남반구로 나눠 생각하면 경계를 이루는 두 원은 구면 위의 동일한 대원(적도)을 북반구 주민과 남반구 주민이 서로 다른 방향에서 본 모습에 해당하기 때문이다.

73　이와 관련된 구절은 "천국" 편 제28곡 1~129행에 나온다.

74　찰스 S. 싱글턴Charles S. Singleton의 영역본(Princeton University Press, Princeton, 1975)에서 단테는 이렇게 말한다. "한 점이 빛을 내뿜는 모습이 보였는데 그 빛이 너무나 강렬해 눈이 부셔서 눈을 감아야만 했다."

75　《신곡》에서 단테가 묘사하는 우주를 리만의 '구면 공간'과 같은 형태의 우주로 해석할 수 있다는 사실은 몇몇 저자가 따로따로 알아차렸다. 내가 알기로 최초 사례는 수학자 안드레아스 슈파이저Andreas Speiser가 다음 책에서 말한 것이다. *Klassiche Stücke der Mathematik*, Orell Füssli, Zürich, 1925, pp.53~59. 물리학자 마크 피터슨Mark Peterson은 다음 논문에서 좀 더 세밀한 분석을 내놓았다. "Dante and the 3-sphere," *American Journal of Physics*, Vol. 47, 1970, pp.1031~1035. 이 주제와 유한·무한 우주에 대해 더 알고 싶으면 루디 러커Rudy Rucker의 다음 책을 보라. *Infinity and the Mind*, Bantam, New York, 1983, pp.16~23.

76　수학자들은 '초평면hyperplane,' '초입방체hypercube,' '초구hypersphere' 같은 표현으로 평면, 입방체(정육면체), 구 등을 더 높은 차원으로 확장한 도형을 가리킨다. 보통은 해당 도형이 한 차원 더 높은 공간에 있다는 가정도 깔려 있다. 4차원 유클리드 공간을 가장 쉽게 설명하는 방법은 좌표를 이용하는 것이다. 평면 위에 있는 점의 위치를 두 수로 된 (x, y) 형태로 나타내고 일반 공간 속에 있는 점의 위치를 세 수로 된 (x, y, z)로 나타낼 수 있듯, 4차원 공간 속에 있는 점의 위치는 네 실수로 된 $(-1, 2, \sqrt{3}, \pi)$ 같은 형태로 나타낼 수 있다. 거기서 각각의 수 $-1, 2, \sqrt{3}, \pi$를 그 점의 '좌표'라고 부른다. 방정식 $x^2+y^2=r^2$은 평면 위에 있는 반지름이 r인 원을 나타내고, $x^2+y^2+z^2=r^2$은 공간 속에 있는 반지름이 r인 구를 나타내고, $x^2+y^2+z^2+w^2=r^2$은 '유클리드 4차원 공간' 속에 있는 '반지름'이 r인 '초구'를 나타낸다. 이 방정식에서 초구의 여러 속성을 아주 쉽게 도출할 수 있긴 하지만, 4차원 공간을 이용해

만든 그런 모형이 초구 연구에 꼭 '필요'한 것은 아니다.

77 그 인용문은 다음 논문집에서 따온 것이다. *Jubilee of Relativity Theory* (*Fünfzig Jahre Relativitätstheorie*) published as Supplement IV to *Hevetica Physica Acta*, Birkhäuser Verlag, Basel, 1956, p.254.

78 다음 논문을 참고하라. Nancy K. Miller, "Decades," in *Changing Subjects*, edited by Gayle Greene and Coppélia Kahn, Routledge, New York, 1993, pp.31~47.

79 정치와 측지학과 십진법이란 뜻밖의 조합으로 현대식 측정 단위의 유래에 관한 꽤 특이한 부차적 사항을 설명할 수 있다. 1'미터'는 적도에서 북극까지 거리의 1000만 분의 1로 정의되었다. 바꿔 말하면 양극을 거쳐 측정한 지구 둘레를 4000만 미터로 '정의'한 셈이다. 1791년, 정부의 재정 지원을 받은 '거대 과학'의 첫 사례로 꼽힐 만한 일이 시작되었다. 파리를 지나는 자오선에서 영국 해협 연안에서부터 지중해 연안까지의 길이를 정확히 재기 위해 측지 측량이 실시된 것이다. 그다음에는 측지 측량 결과에 천문학적 측정 결과를 적용해 위도 1도만큼의 거리를 구했다. 약 1000년 전 알콰리즈미가 썼던 것과 거의 같은 방식이었다. 적도의 위도가 0도이고 북극의 위도가 90도이므로, 그 결괏값에 따라 1미터의 길이가 (총거리의 1000만 분의 1로) 결정되었다.

다음 논문에는 지금 세계 곳곳에서 쓰이는 측정 단위의 유래와 관련된 추론과 책략이 자세히 설명되어 있다. John Heilbron, "The Politics of the Meter Stick," *American Journal of Physics*, Vol. 57, 1989, pp.988~992.

80 19세기가 1800년 1월 1일에 시작되느냐 아니면 1801년 1월 1일에 시작되느냐 하는 문제는 믿기 힘들겠지만 아직도 논란거리로 남아 있다. 이에 대한 최근의 분석 결과를 알고 싶으면 다음 책을 보라. Hillel Schwartz, *Century's End,* Doubleday, 1990. 스티븐 제이 굴드Stephen Jay Gould의 다음 논문도 참고하라. "Dousing Diminutive Dennis' Debate," in *Natural History*, April 1994. pp.4~12.

81 인기 있는 티셔츠 문구 중 하나를 조금 바꿔 표현하면 다음과 같다.

하느님이 말씀하셨다.

$$\nabla \times H = \epsilon \frac{\partial E}{\partial t} \qquad \nabla \times E = -\mu \frac{\partial H}{\partial t}$$

$$\nabla \times H = 0 \qquad\qquad \nabla \times E = 0$$

…… 그러자 빛이 생겨났다.

맥스웰 방정식은 여러 가지 형태로 나타낼 수 있다. 이 특정 형태에서는 전기장 E와 자기장 H의 놀라운 대칭성이 분명히 드러난다. 네 식을 모두 조합하면, 장 E와 H가 공간 속 파동의 움직임에 대한 '파동 방정식'을 제각기 만족시킨다는 사실을 증명할 수 있다.

82 맥스웰이 발견한 것의 중요성은 시간이 지날수록 커지기만 했다. 1938년 《물리는 어떻게 진화했는가 *The Evolution of Physics*》에서 아인슈타인과 인펠트는 이렇게 말했다. "빛의 속도로 전파하는 전자기파를 이론적으로 발견한 일은 과학사상 최고의 업적으로 꼽힐 만하다." 맥스웰에 대해 더 알고 싶으면 다음 책을 보라. L. Campbell & W. Garnett, *The Life of James Clerk Maxwell*, London, 1882. 다음 책에는 맥스웰의 일대기가 간략히 정리돼 있고 그의 과학적 업적이 아주 잘 설명되어 있다. C. W. F. Everitt, James Clerk Maxwell, *Physicist and Natural Philosopher*, Scribners, New York, 1975.

83 우주에서 오는 전파를 처음 식별한 사람은 칼 잰스키Karl Jansky였다. 그는 음성을 무선으로 전송하는 과정에 끼어드는 잡음의 원인을 찾다가 우주에 전파원이 있음을 알아차렸다. 1930년대 초에 잰스키는 그런 잡음의 원인을 더 정확히 찾아내려고 애쓰다 은하수가 주된 원인이라고 결론지었다. 하지만 처음의 그런 발견에 대한 후속 연구는 한동안 아무도 하지 않았는데, 그런 상황에서 레버는 사비를 들여 직경이 9.5미터에 이르는 최초의 가동 전파 망원경을 손수 만들어 하늘에서 오는 전파의 주파수를 체계적으로 조사한 것이다.

84 휘턴은 시카고 근교의 소도시다. 레버는 시카고에서 무선 기사로 일했다. 레버의 논문 "우주 잡음Cosmic Static"의 서지 정보는 다음과 같다. *Astrophysical Journal*, Vol. 100, 1944, pp.279~287. 다음 책에는 그 이후 전파 천문학의 발달사가 기술되어 있다. Gerrit L. Verschur, *The Invisible Universe Revealed: The Story of Radio Astronomy,* Springer, New York, 1987. 다음 책에는 현대 천문학의 온갖 연구 수단과 그런 수단의 효용이 아주 잘 개괄되어 있다. *The Astronomer's Universe: Stars, Galaxies and Cosmos*, by Herbert Friedman, Ballantine Books, New York, 1990.

85 허블의 생애와 업적에 대해 더 알고 싶으면 다음 논문을 보라. "Edwin Hubble and the Expanding Universe" by Donald E. Osterbrock, Joel A. Gwinn, and Ronald S. Brashear, *Scientific American*, July 1993, pp.84~89.

86 다음 책에는 우주의 팽창 현상을 규명하고 허블 법칙을 공식화한 과정이 아주 잘 논의되어 있다. P. J. E. Peebles, *Principles of Physical Cosmology*, Princeton University Press, Princeton, 1993, pp.77~82. 이 책의 pp.82~93에는 허블 법칙을 뒷

받침하는 관측 증거도 아주 꼼꼼히 논의되어 있다. 에드워드 R. 해리슨Edward R. Harrison의 다음 책 10장에도 탁월한 설명이 나온다. *Cosmology: The Science of the Universe*, Cambridge University Press, 1981. 여러 역사적 세부 사항, 특히 '나선 성운'들이 우리 은하의 내부에 있는지 아니면 제각기 외부의 '섬우주'에 해당하는지를 밝히려는 수십 년간의 시도와 관련된 세부 사항에 대해 알고 싶으면 다음 책을 보라. Robert W. Smith, *The Expanding Universe: Astronomy's "Great Debate" 1900~1931*, Cambridge University Press, 1982. 끝으로, 다음 책에서는 초창기 논의 참여자 중 한 명이 이 주제를 매우 명쾌하고 생생하게 설명해 준다. Sir Arthur Eddington, *The Expanding Universe*, Cambridge University Press, 1933(reissued 1987).

87 팽창 우주라는 개념 자체도 이론과 관측의 결합체였다. 관측적 요소는 먼 은하에서 오는 빛의 스펙트럼선이 붉은색 쪽으로 치우친다는 사실, 그리고 은하까지 거리가 멀수록 그런 편이 현상이 심해진다는 사실이었다. 이론적 요소는 그 적색 이동red shift이 도플러 효과의 일종으로서 은하들이 거리에 비례하는 속도로 멀어지고 있음을 나타낸다는 해석이었다. 1917년 더 시터르가 적색 이동을 이론적으로 추정한 후, H. N. 러셀과 할로 새플리 같은 주요 천문학자들은 늦잡아도 1920년경부터는 그 주제를 활발히 논의했다(Smith, pp.175~176을 참고하라). 루드빅 실버스타인Ludvik Silberstein과 크누트 룬드마르크Knut Lundmark는 1923~1925년에 발표한 몇몇 논문에서 적색 이동과 거리의 관계를 관측 결과에 근거해 규명하고자 했다(Smith, pp.175~178을 참고하라). 그 밖에도 여러 학자가 1920년대 내내 더 시터르의 1917년 거리와 적색 이동 관계에 대한 학설의 진위 및 의미를 밝히려고 관측·이론적으로 노력을 기울여 방대한 연구물이 축적되었다는 사실을 고려해 보면, 허블이 1929년에 그 관계를 갑자기 발견했다는 그릇된 통념이 왜 형성됐는지 이해하기가 더욱더 어려워진다.

88 아인슈타인과 더 시터르의 논문은 그 밖의 몇몇 주요 우주론 논문과 함께 다음 책에 다시 실리기도 했다. *Cosmological Constants*, edited by Jeremy Bernstein and Gerald Feinberg, Columbia University Press, New York, 1986.

89 프리드만은 유별나게 박학다식하고 흥미진진한 인물로, 위험한 기구 비행을 감행한 후 외딴곳에 착륙했다가 장티푸스에 걸려 30대에 세상을 떠났다. 최근에 그의 전기가 영어로 번역되어 다음 책으로 나왔다. Edward A Tropp, *Alexander A. Fredmann: The Man Who Made the Universe Expand*, Victor Ya. Frenkel, and Arthur D. Chernin, translated by Alexander Dron and Michael Burov, Cambridge University Press, 1993. 프리드만은 독특한 악명을 얻기도 했는데, 이는 아인슈타인이 처음에

프리드만의 계산이 틀린 것 같다고 서면으로 말했다가 나중에 어쩔 수 없이 그 말을 번복하며 알고 보니 프리드만이 옳았다고 서면으로 인정했기 때문이다.

90   바일은 아인슈타인과 함께 초창기 명문 프린스턴고등연구소 대들보가 되었다.

91   섀플리의 은하 모형에 대해서는 스미스의 책 2장을 참고하라.

92   르메트르와 로버트슨의 업적에 대해 더 알고 싶으면 해리슨의 《우주론 *Cosmology*》을 보라.

93   레트로버스를 가리키는 더 일반적인 용어는 '과거 광원뿔backward light cone'이나 '영원뿔null cone'이다. 하지만 이 용어들은 서로 약간 다른 뜻으로 쓰이기도 한다. (레트로버스는 시공간, 즉 실제 우주의 일부다. '광원뿔'이나 '영원뿔'은 보통 시공간 자체에 있지 않고 시공간의 '접공간tangent space'에 있다고 여겨진다.)

94   허블 상수가 정확히 얼마인지에 대해서는 의견이 다소 엇갈린다. 하지만 학자들이 일반적으로 내놓는 수치 중 가장 큰 값이라고 해 봐야 가장 작은 값의 두 배 정도밖에 되지 않으므로, 유력한 값의 범위는 꽤 좁다. 어쨌든 정확한 값의 불확실성은 본문에서 묘사하는 전체 그림의 적절성과 무관하다. 이런 문제 중 일부에 대한 최근의 논의 내용을 읽고 싶으면 다음 논문을 보라. John P. Huchra, "The Hubble Constant," *Science*, Vol. 256 (17 April 1992), pp.321~325.

95   우리가 지평선을 따라 사방팔방으로 내다볼 때 보이는 만큼의 우주가 어떤 모양인지 규명하는 데는 이론적 문제도 있고 실제적 문제도 있다. 실제적 문제는 우리 시야에 들어오는 두 점 사이의 거리를 측정할 방법이 없다는 것이다. 우리는 한 점을 향하는 시선과 다른 점을 향하는 시선 사이의 각도를 직접 측정할 수 있고, 우리 위치에서 각 점까지의 거리를 추산할 수 있다. 그런 두 가지 거리와 그사이의 각을 아는 것은 평면 기하학에서 삼각형의 두 변 길이와 그 끼인각의 크기를 아는 것과 같다. 삼각형의 나머지 한 변 길이는 우리가 구하고자 하는 거리, 즉 우리가 관찰하는 두 점 사이의 거리에 해당할 것이다. 유클리드 기하학이 유효한 경우라면, 일반 삼각법 공식('코사인 법칙')으로 미지의 거리를 쉽게 구할 수 있을 것이다. 쌍곡 기하학이나 타원 기하학이 유효한 경우라도, 알려진 해당 공식으로 답을 얻을 수 있을 것이다. 문제는 우리가 실제 공간의 기하학적 구조를 미리 알 수가 없다는 데 있다. 우리가 하려는 일은 수행 가능한 측정으로 그 기하학적 구조에 대해 최대한 많이 추론해 내는 것이다. 이는 가우스가 표면 측정으로 해당 표면의 기하학적 구조에 대해 최대한 많이 알아내려 했을 때 했던 일과 같다.

이론적 문제는 우리가 아인슈타인의 일반 상대성 이론을 받아들이면 '거리'와 '시간'이란 개념조차도 잘 정의되지 않고 오직 둘의 특정 조합만이 일정한 의미를 띠게 된다는 것이다. 그런 조합은 이른바 '영원뿔' 혹은 '과거 광원뿔'이란 곡면상에서 0과 같은데, 그 곡면은 바로 우리가 '레트로버스'라고 부른 것, 즉 특정 순간에 빛을 비롯한 전자기파의 형태로 우리에게 '보이는' 점들의 총체에 해당한다. 그러므로 일반 상대론에 따르면 레트로버스에 있는 곡선의 길이를 측정하기란 불가능한 듯하다.

하지만 상황이 그렇게 절망적인 것만은 아니다. 측정 가능 여부에 대한 상대론적 제약은 시스템 '내부'에서 수행하는 측정에 적용된다. 이를테면 가우스가 표면을 측량하고 리만이 공간의 기하학적 구조를 묘사하는 것과 같은 방식의 측정에 적용되는 것이다. 우주 전체의 경우에는 우주 내부에서의 측정만 수행하는 것이 자명한 듯도 하다. 하지만 이론상으로나 실제상으로나 우리 우주 외부의 '사건'을 측정의 기준으로 삼는 방법이 있다. 그 사건은 바로 빅뱅이다. 빅뱅이 시공간의 특이점이라고 이야기할 때가 많은데, 그런 설명은 빅뱅 자체가 시공간의 한 점이 아니라는 사실을 가리는 경향이 있다. 사실인즉 빅뱅은 시공간 속 모든 점의 기준이 될 수 있는 점이다.

20세기 우주론에서는 우주의 모양을 묘사하려 할 때 대체로 빅뱅에서부터 시간이 흐름에 따라 공간이 진화하는 4차원 시공간 형태의 우주 모형을 만드는 데 주력했다. 그런 모형에서는 '시간'이 잘 정의된다. 그것은 바로 빅뱅 후의 시간을 말한다. 여기서 빅뱅은 좀 전에 말했듯 시공간의 한 점이 아니라 시간의 영점이 되는 외부 기준점이다. 이는 '절대 영도'(켈빈 온도 눈금에서의 0도)가 실세계에서 도달 가능한 온도가 아니라 나머지 모든 온도의 기준이 되는 눈금 밖의 점인 것과 같은 이치다. 이론적 우주 모형을 창안할 당시에는 이것이 명백하지 않았지만, 심지어 그런 모형에서 말하는 의미의 시간을 우리가 직접 측정할 실험적 방법도 있다. 우주 배경 복사의 온도를 이용하면 된다. 우주가 팽창함에 따라 우주 배경 복사가 식어 가므로, 어떤 모형에서든 그 복사의 온도를 빅뱅 후의 시간과 관련지을 수 있다. 우리는 우주 배경 복사의 온도를 직접 측정할 수 있으므로 시간의 길이를 추론할 수 있다.

그와 관련된 우주 배경 복사의 한 가지 이점(우리 실제 우주에서는 이용 가능하지만 상대론의 일부로서는 이용 불가능한 이점)은 우리가 '현재 우주'를 기술할 수 있게 해 준다는 것이다. 여기서 현재 우주란 시공간에서 지구 시간이라는 순간, 즉 '지금'에 상응하는 공간 성분을 말한다. 우리가 우주의 각 점의 시간을 측정하는 데 사용하는 '시계'는 우주 배경 복사의 온도다. '현재 우주'는 그 온도가 지구의 지금에 해당하는 온도와 같은 시공간 속 모든 점으로 구성된다.

허블의 법칙은 보통 은하의 후퇴 속도와 거리의 관계에 대한 법칙이라고, 구체적으로 말하면 그 속도와 거리의 비가 일정하다는 법칙이라고 설명된다. 하지만 '속도'와 '거리'는 둘 다 직접 관측으로 알아낼 수 없다. 이와 관련해 측정 가능한 것은 각 은하에서 오는 빛의 적색 이동량이다. 적색 이동량을 측정한 후 이론을 적용하면 그 값을 속도로 변환할 수 있다. '거리'에 관해 말하자면, 현대 과학에서 허블 법칙을 다룰 때는 보통 은하 사이의 거리를 '현재 거리'로 해석한다. 여기서 현재 거리란 현재 우주에서 은하들이 서로 얼마나 멀리 떨어져 있는지를 의미한다. 현재 우주는 앞서 얘기한 방법으로(우주 배경 복사 온도를 이용해) 명확히 규정할 수 있지만, 현재 거리를 그만큼 명확히 규정하는 방법은 없는 듯하다. 시간의 흐름에 따라 공간이 진화한다고 보는 각 우주 모형에는 공간상의 현재 거리란 개념이 포함돼 있고, 또 그런 각 모형에서는 허블 법칙이 유효하며 '거리'와 '속도'가 둘 다 해당 모형의 현재 거리 개념과 관련돼 있다.

　표준 모형 중 하나는 공간이 유클리드 공간으로서 잘 규정된 속도로 팽창하는 '아인슈타인·더 시터르 모형'이다. 이 모형에서는 레트로버스의 모양을 정밀히 묘사할 수 있다. 본문에서 레트로버스 지도를 만들 때 우리는 우리에게서 특정 거리만큼 떨어진, 지평면상의 모든 은하에 해당하는 원을 하나 그렸다. 우리가 과거 특정 시점의 은하들을 보고 있으므로, (아인슈타인·더 시터르 모형에서) 그 원은 유클리드 공간에 있고 그 둘레는 $2\pi r$이다. 여기서 r은 지금 우리에게 보이는 빛이 방출된 시점의 은하들과 '그 시점의' 지구 위치 사이의 '유클리드 공간상' 거리다. 실제로 계산해 보면, 위아래가 뒤집힌 팽이와 아주 비슷한 모양의 곡면에 이르게 된다. 그것은 곡선 $x = 3(z^{2/3} - z)$, $0 \le z \le 1$을 z축을 중심으로 회전시켰을 때 얻게 되는 곡면이다. 빅뱅에서 현재까지의 시간을 T라고 하면, $t = Tz$는 지금 우리에게 닿은 빛이 특정 은하를 떠난 시점과 빅뱅 사이의 시간이고, $r = Tx$는 그 시점의 은하와 우리 사이의 거리다.

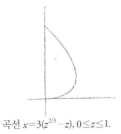

곡선 $x = 3(z^{2/3} - z)$, $0 \le z \le 1$.

왼쪽 곡선을 z축을 중심으로 회전시켰을 때 얻게 되는 곡면.

아인슈타인·더 시터르 우주에서 지평선을 따라 사방팔방으로 내다볼 때 보이는 레트로버스의 모양

96 예컨대 조지프 실크Joseph Silk의 《빅뱅*The Big Bang*》(W. H. Freeman, New York, 1989)의 4장 '빅뱅의 증거Evidence for the Big Bang'를 보라. 매우 설득력 있는 물적 증거 중 두 가지는 관측으로 확증된, 우주 배경 복사와 우주 헬륨·중수소 분포에 대한 추정 내용이다. 두 추정 모두 빅뱅 시나리오에서 초기 우주가 띠는 물리적 특성을 바탕으로 하는데, 지금까지 아무도 관측 결과를 달리 해석할 만한 논거를 찾지 못했다.

97 우주의 나이는 우주에서 가장 오래된 별들의 나이를 계산함으로써 추정할 수 있다. 우주 역사의 초기에 있던 별들의 흔적은 은하계에 흩어져 있는 구상성단 globular clusters에서 발견된다. 여기에서 오는 빛의 밝기로 나이를 추정하기 때문에 구상성단까지 거리를 계산하는 것이 나이를 결정하는 데 중요한 문제이다. 거리를 계산하기 위해서는 우주가 팽창하고 있다는 점이 중요하며 우주가 팽창하는 속도에 대해 말해 주는 허블 상수를 알 필요가 있다. 허블 상수는 우주의 암흑물질의 밀도에 의해 결정된다. 암흑 물질의 밀도는 우주 마이크로파 배경CMB을 측정함으로써 추산할 수 있다. 2012년 나사의 윌킨슨 위성의 우주 마이크로파 배경을 측정한 데이터로부터 우주의 나이가 137억 년이 된다는 추정값이 나왔다. 2015년에는 유럽 공동체의 플랑크 위성의 동일한 관측을 통해 얻어진 데이터에 근거해 우주의 나이가 138억 년이라는 값이 나왔다. ─ 편집자

98 초기 우주의 역사는 물질의 이온화 상태에 따라 이온화 시대, 암흑 시대, 재이온화 시대로 나눌 수 있는데, 지금까지 관측으로 확인된 사항은 두 가지뿐이다. 하나는 이온화 시대에서 암흑 시대로 넘어간 시기(우주 배경 복사 발생기)가 빅뱅 후 40만 년경(이 책이 나올 당시엔 30만 년경으로 추정)이라는 것이고(1992~2013년에 세 탐사선 COBE, WMAP, 플랑크로 관측), 나머지 하나는 재이온화 시대가 빅뱅 후 9억 년경에 끝났다는 것이다(2001년 로버트 베커Robert Becker의 연구팀이 슬론디지털스카이서베이Sloan Digital Sky Survey 망원경으로 관측). 항성이 탄생했다고들 하는 재이온화 시대의 시작점과 진행 과정을 비롯해 그 밖의 여러 사항에 대해서는 아직도 관측으로 확인된 바 없이 이론적 추측만 오가고 있는 실정이다. ─ 옮긴이

99 2001년 WMAP(Wilkinson Microwave Anisotropy Probe 윌킨슨 마이크로파 비등방성 탐사선)이란 위성이 발사되어 9년간 몇 차례에 걸쳐 매우 정밀한 우주 배경 복사 지도를 작성했고, 2009년 플랑크Planck 탐사 위성이 발사되어 2013년까지 더욱더 정밀한 지도를 작성했다. ─ 옮긴이

100 그때 사용한 도법은 '하머 도법' 혹은 '하머·아이토프 도법'이라고 불린다.

그 도법에서는 세계를 하나의 타원 안에 나타낸다. 2장을 보면 하머 도법으로 그린 세계 지도의 일례가 나온다.

101 다음 책에서는 라이고 프로젝트 및 그와 관련된 물리 이론을 흥미진진하게 설명해 준다. Kip S. Thorne, *Black Hole & Time Warps: Einstein's Outrageous Legacy*, W. W. Norton, New York, 1994.

102 2015년 9월 14일부터 가동된 라이고는 바로 그날 중력파를 최초로 검출했다. 라이고 연구진은 6개월간 데이터를 분석·검증한 후 2016년 2월, 블랙홀 합병 과정에서 발생한 중력파를 직접 검출했다고 발표했다. 그 후에도 라이고·비르고 연구진은 중력파를 열 차례 더 검출해 냈다. ─ 옮긴이

103 여기 나오는 일화는 내 기억을 바탕으로 쓴 것이다. 당시 나는 리만 곡면론을 연구하는 대학원생으로서 프린스턴대학교의 그 학회에 참석했다.

104 리만 곡면은 9장에서 이야기하는 '추상 곡면'의 첫 번째 예였다. 그 개념은 수년간 발전해 왔지만, 처음에 리만이 정의한 바에 따르면 여러 개의 똑같은 일반 평면을(공간에 서로 평행한 여러 평면이 있다고, 아니면 좀 더 구체적으로 종이 여러 장이 차곡차곡 쌓여 있다고 상상해 보라) 특정 선을 따라 자른 후 이들이 실제론 불가능하지만 추상적으론 충분히 가능한 방식으로 서로 붙어 있다고 '규정'해서 만든 도형이다. (9장에서 이야기하는 추상 곡면의 몇 가지 예를 참고하라.) 가장 단순한 형태의 리만 곡면은 평면 두 '장'으로 구성된다. 그것은 각 평면을 한 점에서부터 무한히 뻗어 있는 같은 선을 따라 자른 다음 둘을 서로 '엇갈리게' 붙여(윗면 절단부의 두 모서리가 각각 아랫면 절단부의 반대쪽 모서리와 붙게 해서) 만든 도형이다. 그 리만 곡면은 복소수(실수와 허수를 합한 형태로 나타내는 수)와 복소수의 제곱근을 연구하는 데 매우 유용한 것으로 밝혀졌다.

105 다음 책에는 아인슈타인의 여러 격언과 직업 생활 및 사생활이 기록되어 있다. Ronald W. Clark, *Einstein: The Life and Times*, World Publishing, New York, 1971. 자주 인용되는 "아무래도 신이 우주와 주사위 놀이를 하는 것 같지는 않다"라는 말은 직접 인용문이 아닌 듯하다(Clark, p.340을 보라). "Subtle is the Lord, but malicious he isn't(신은 미묘하지만 심술궂진 않다)"는 아인슈타인이 실제로 했던 말("Raffiniert ist der Herrgott, aber boshaft ist er nicht")을 영어로 옮긴 것이다. 아인슈타인의 종교·과학관과 상호 보완적인 견해를 알고 싶으면 다음 책에 실린 교황 요한 바오로 2세John Paul II의 훈시 내용을 보라. *Theory and Observational Limits in Cosmology*, Specola Vaticana, Vatican City, 1987, pp.17~19.

106 논문집 《상대성 원리*The Principle of Relativity*》(Dover, New York, 1952)

에는 아인슈타인의 해당 논문 "운동하는 물체의 전기 역학에 대하여On the Electrodynamics of Moving Bodies"의 영역본이 실려 있다. 초등 수학을 다루는 데 익숙한 사람에게는 그 논문이 어지간한 '대중' 과학서 못지않게 이해하기 쉬운 훌륭한 읽을거리가 될 것이다.

107　토머스 쿤Thomas Khun은 다음 책에서 아인슈타인이 양자 불연속성이란 개념의 진정한 창안자라고 매우 설득력 있게 주장한다. *Black-Body Theory and the Quantum Discontinuity, 1894~1912*, University of Chicago Press, 1987.

108　민코프스키는 특수 상대론을 4차원 시공간과 관련지어 해석한 결과를 1908년 9월에 독일 쾰른에서 강연 형식으로 발표했다. 다음 논문집에는 그 강연 내용의 영역본 "공간과 시간Space and Time"이 실려 있다. *The Principle of Relativity*, Dover, New York, 1952.

109　다음 논문을 참고하라. Hubert Reeves, "Birth of the myth of the birth of the Universe," in *New Windows on the Universe*, Vol. 2, Eds. F. Sanchez and M. Vazquez, Cambridge University Press, Cambridge, 1990, pp.141~149.

110　아인슈타인보다 앞서 이 분야를 다룬 가장 중요한 인물은 영국의 뛰어난 젊은 수학자 윌리엄 킹턴 클리퍼드다. 그는 연구 활동을 오래 이어 나가지 못하고 1879년 3월 3일 서른셋에 세상을 떠났다. 아인슈타인이 태어나기 겨우 11일 전이었다. 클리퍼드는 리만의 영향을 많이 받았다. 그는 굽은 공간 및 관련 개념에 관한 리만의 기본 논문이 영역본으로 출간되도록 기획했고, 여러 학회와 공개 강의에서 리만의 이론을 널리 알렸다. 클리퍼드의 《정밀과학 상식*The Common Sense of the Exact Sciences*》 4장에는 '공간의 굽음에 관하여On the Bending of Space'란 소제목이 붙은 단락이 있는데, 거기서 그는 굽은 공간이란 개념을 멋지게 설명하고 다음과 같은 말로 끝을 맺는다. "어쩌면 우리는 심지어 이 공간 곡률 개념을 '이른바 물체의 운동이란 현상의 실상'과 관련짓기까지 할지도 모른다." (실제 상황은 좀 더 복잡하다. 그 책은 클리퍼드가 죽은 뒤 칼 피어슨의 책임하에 출간됐는데 피어슨이 사실상 4장을 전부 다 썼기 때문이다. 하지만 위에서 인용한 구절에는 이런 각주가 붙어 있다. "이 놀라운 '가능성'은 클리퍼드 교수가 1870년 케임브리지 철학학회에 제출한 논문[Mathematical Papers, p.21]에서 처음 제시한 듯하다.") 어쨌든 리만과 클리퍼드가 공간 곡률과 물리 현상이 연관될 가능성을 엿보았더라도, 그 연관성을 나타내는 수학 공식을 정확히 세우는 일은 아인슈타인의 몫으로 남았다. (독일의 물리학자이자 천문학자 카를 슈바르츠실트Karl Schwarzschild에 대해서도 언급해야겠다. 그는 1900년에 발표한 논문에서 공간 곡률을 아주 중요시하며 굽은 공간 속 항성의 시차

같은 수량을 계산했다. 나중에 슈바르츠실트는 아인슈타인 일반 상대론 방정식의 해를 가장 먼저 구해 내기도 했다.)

111 아인슈타인은 1921년 1월 27일 프로이센 과학아카데미 강연에서도 이 문제를 언급했다. "여기서 예나 지금이나 탐구심을 자극하는 수수께끼가 나옵니다. 따지고 보면 경험과 무관한 인간 생각의 산물인 수학이 어째서 실제 대상과 그토록 기막히게 부합할 수 있을까요?"

112 다음은 버키볼의 수학적 속성에 대한 탁월한 논문이다. Fan Chung and Shlomo Sternberg, "Mathematics and the Buckyball," *American Scientist*, Vol. 81 (January-February, 1993), pp.56~71.

113 크로토와 스몰리는 버크민스터풀러렌 등의 풀러렌을 발견한 공로로 1996년 노벨 화학상을 받았다. 풀러렌은 다이아몬드만큼 강하면서 그보다 가볍고 안정적인 데다 열·전기 전도성도 뛰어나 천문, 항공, 의료, 태양 전지 등의 분야에서 다양하게 활용될 가능성을 인정받았다. ─ 옮긴이

114 일본어 수사數詞는 한국어 수사처럼 고유어 계열과 한자어 계열 이렇게 두 가지가 있다. 엄밀히 말하자면 지칭 대상에 따라 같은 수를 다른 말로 표현한다기보다는 지칭 대상에 따라 수사의 활용형과 단위가 달라지는 것이다. 일본어와 함께 교착어에 속하는 한국어에서도 비슷한 특성이 나타난다. 예컨대 한국어에서는 같은 3이라도 지칭 대상에 따라 '세 명,' '세 자루,' '사흘,' '삼 인분,' '석 자' 등 여러 형태로 표현하는데, 이들이 한국인에게는 모두 일맥상통한 말로 보이지만 교착어를 쓰지 않는 서양인에게는 모두 제각각으로 보일 수 있다. ─ 옮긴이

115 방정식 $x = \cos u \cos v$, $y = \cos u \sin v$, $z = \sin u \cos v$, $w = \sin u \sin v$, $0 \leq u \leq 2\pi$, $0 \leq v \leq 2\pi$는 초구 $x^2 + y^2 + z^2 + w^2 = 1$에 있는 어떤 곡면을 나타낸다. 그 곡면이 바로 클리퍼드 원환면이다.

116 우주가 유한한가 아니면 무한한가 하는 문제는 대대로 논란거리가 되어 왔다. 다음 책에는 그 논란이 고대부터 뉴턴과 라이프니츠의 시대를 거쳐 근대에 이르기까지 대체로 어떻게 전개되었는지 잘 정리돼 있다. Alexandre Koyré, *From the Closed World to the Infinite Universe*, Johns Hopkins Press, Baltimore, 1957. 20세기 우주론에서는 논란의 조건이 달라지긴 했지만 논란이 끝나긴 않았다. 예컨대 다음 책, 그중에서도 17장을 참고하라. J. D. North, *The Measure of the Universe*, Clarendon Press, Oxford, 1965. 다음 논문에는 우주가 물리적으로 무한한 경우에 뒤따르는 결과를 비교적 최근에 분석한 내용이 담겨 있다. G. F. R. Ellis & G. B. Brundrit, "Life in the Infinite Universe," *Quarterly Journal of the Royal Astronomical Society*, 20(1979), pp.37~41. 언뜻 생각하면 우주가 빅뱅에서 기원했다고 보는 사람들은 빅뱅에서 생겨난 것의 크기와 내용물이 유한하리라는 생각을 강력히 지지할 듯하다. 하지만 다소 놀랍게도 주요 우주론자들을 대상으로 실시한 비공식 설문 조사의 결과에 따르면 그들 중 상당한 다수는 우주가 물리적으로 무한하며 무수한 항성과 은하가 광대무변한 공간에 퍼져 있음을 거리낌 없이 인정할 수 있다고 생각한다. 이런 논란이 과학적이라기보다 철학적·형이상학적이라는 주장도 나올 수 있다. '관측 가능한' 우주가 유한하다는 것은 분명하고, 관측 가능 범위 밖에 있는 것의 규모가 유한한지 무한한지 판단할 실증적 방법이 있을지는 불분명하기 때문이다. 이 문제를 매우 사려 깊게 설명해 주는 해설자로 G. F. R. 엘리스G. F. R. Ellis가 있다. 그의 다음 논문을 참고하라. "Major Themes in the Relation Between Philosophy and Cosmology" in *Memorie della Societa Astronomica Italiano* 62 (1991), pp.553~605. 다음 책에는 이런 문제들 가운데 상당수에 대한 다소 공상적이지만 흥미로운 이야기가 담겨 있다. *Infinity and the Mind* by Rudy Rucker, Bantam, New York, 1983.

117 　다음 논문에서는 쌍곡 다양체를 비롯한 여러 다양체를 우주가 띠고 있을 만한 모양과 관련지어 논한다. William P. Thurston and Jeffrey R. Weeks, "The Mathematics of Three-dimensional Manifolds," *Scientific American*, July 1984, pp.108~120.

118 　우주론에서는 평탄 다양체나 쌍곡 다양체 형태의, 공간적으로 무한한 우주의 대안을 보통 '작은 우주small universe' 혹은 '주기적 우주periodic universe'라고 부른다. 다음 세 논문에는 그런 모형들이 어떤 속성을 띠는지, 우주가 실제로 평탄한 원환면이나 쌍곡 다양체와 같은 모양인 경우에 우리가 그 사실을 어떻게 발견할 수 있을지 설명되어 있다. Charles C. Dyer, "An Introduction to Small Universe Models," G. F. R. Ellis, "Obsevational Properties of Small Universe," R. B. Partridge, "Obsevational Constraints on 'Small Universes'," Partridge. 이 논문들은 모두 다음에 실려 있다. *Theory and Obsevational Limits in Cosmology*, Proceedings of the Vatican Observatory Conference held in Castel Gandolfo, edited by W. R. Stoeger, S. J., Specola Vaticana, Vatican City, 1987, pp.467~488. -

119 　망델브로는 그 책을 프랑스어로 썼는데, 1977년에 첫 영역본이 나왔다. 다음은 새로 나온 영역본이다. Benoit B. Mandelbrot, *The Fractal Geometry of Nature*, W. H. Freeman, New York, 1983.

120 　'snowflake'에는 눈송이란 뜻도 있고 눈 결정이란 뜻도 있다. 'snowflake curve'를 '눈송이 곡선'으로 번역하는 경우도 더러 있지만 엄밀히 보면 '눈 결정 곡선'

으로 옮기는 것이 더 바람직하다. 눈송이는 눈 결정이 여러 개 엉겨 붙은 것을 이르는 말이므로 위의 맥락과는 맞지 않는다. ─ 옮긴이

121 d차원의 도형을 3배 확대하면 그 도형의 치수는 3^d으로 증가한다. 곡선은 d =1이므로 그런 인수가 3이다. 곡면은 d=2이므로 인수가 3^2=9다. 3차원 도형은 인수가 3^3=27이다. 눈 결정 곡선은 '크기' 혹은 치수가 4배로 증가한다. 따라서 $3^d=4$ 이므로 $d \log 3 = \log 4$, 즉 $d = (\log 4)/(\log 3)$인데, 이것이 바로 눈 결정 곡선의 정확한 차원이다.

122 다음을 참고하라. *The Fractal Geometry of Nature,* Section 9: "Fractal View of Galaxy Clusters."

123 다음 책의 해당 부분에서는 1990년대 초에 확보한 모든 증거를 참작해 이 문제를 자세히 설명해 준다. P. J. E. Peebles, *Principles of Physical Cosmology*, Princeton University Press, Princeton, 1993, pp.209~224: "Fractal Universe and Large-Scale Departures from Homogeneity."

124 리처드 파인먼의 성격은 자서전 *Surely You're Joking, Mr. Feynman*, Bantam, New York, 1986과 최근에 나온 전기 James Gleick, *Genius*, Vintage, New York, 1993 에서 엿볼 수 있다.

125 M.I.T. Press, Cambridge, Massachusetts, 1967, p.39 & p.58. 20세기의 또 다른 주요 물리학자 폴 디랙Paul Dirac도 비슷한 견해를 다음과 같이 표명한 바 있다. "물리 법칙은 반드시 수학적 아름다움을 갖춰야 한다." 다음 논문을 보라. "P. A. M. Dirac and the Beauty of Physics" in *Scientific American*, May 1993, pp.104~109.

찾아보기

가네다 226

가우스 곡률 78~80, 83~84, 231
      ~232, 235

가우스 분포 69

가우스, 카를 프리드리히 Gauss, Carl
      Friedrich 67~73, 75, 78
      ~80, 83~85, 88, 94~96,
      109, 111~112, 115~116, 230
      ~236, 241~242

갈릴레오 갈릴레이 Galileo Galilei
      112~113, 236

겔러, 마거릿 Geller, Margaret 214

고대 그리스 8, 21, 34, 38, 41, 220

고대 이집트 21~22, 27~28, 34

곡률 9, 15, 64, 77~81, 83~88,
      101~103, 115~122, 125, 156,
      163, 177~179, 181, 201~203,
      205~206, 225, 231~232,
      235~236, 246

공간 11, 13, 15, 18, 96, 107, 112,
      114~122, 124~125, 135, 139
      ~140, 163, 170~172, 174,
      176~182, 189, 192, 198, 201
      ~206, 223, 236~237, 239,
      241~243, 245~246, 248

공간 곡률 116~117, 121, 125, 163,
      179, 181, 203, 236, 246

공간 곡률 사고 실험 116, 121

과거 광원뿔 241~242

관성의 법칙 112

광년 141, 149~151, 156, 158, 163,
      172

광자 171

교차모 200

구면 공간(초구) 120, 124~125,
      157, 163, 174, 176, 180, 182,
      202, 237~238, 247

구면 기하학 73, 78, 93, 97, 106,
      115

구면 삼각형 81~82, 96, 99, 232,
      235

《구》(사크로보스코) 43~44, 227

구세계 49, 118

구우주 119, 121

그노몬 29~31, 224

기유, J. Guilloud, J. 226

기하나무 215~216

까마귀가 날아가는 (길과 같은) 거리
      81, 85~86

꼭짓점 81, 96, 236

끈 이론 167

남반구 49~50, 237

내각의 합 82~84, 93, 98, 233
눈 결정 곡선 208~214, 248~249
뉴턴, 아이작Newton, Isaac 67, 74,
    112, 114, 122, 132, 145, 178~
    179, 181, 187, 230, 247

다이슨, 프리먼 J. Dyson, Freeman J.
    166, 223
단테, 알리기에리 Dante, Alighieri
    90, 123~124, 139, 157, 237
대륙 이동설 141
대원(구면 위의 원) 49, 81, 83, 85,
    121, 231, 237
더 시터르, 빌럼 De Sitter, Willem
    142, 240
데 크레머르, 헤라르트 Kremer, Gerard
    de (Mercator) 52
도넛 196, 198
도플러 효과 240
동반구 47~49, 237
동시성 개념에 대한 부정 170
동지 30~31
디커플링 223

라이고LIGO(Laser Interferometer
    Gravitation-Wave Observatory
    레이저간섭계중력파관측소)
    163, 245
라이트, 에드워드 Wright, Edward
    56
라이프니츠, 고트프리트 빌헬름
    Leibniz, Gottfried Wilhelm
    122, 247

라파랑, 발레리 드 Lapparent, Valerie de
    214
람베르트, 요한 Lambert, Johann
    97~100, 235
러셀, H. N. Russell, H. N. 240
레버, 그로트Reber, Grote 135, 239
레트로버스 145~146, 150, 155~
    157, 160, 163, 171~174, 182
    ~183, 241~243
렌치, J. W. Wrench, J. W. 226
로그 57, 229
로바첸스키 기하학 93, 98, 101~
    103, 105~106, 115, 236
로바첸스키, 니콜라이 이바노비
    치 Lobachevsky, Nicholai
    Ivanovich 92~97, 100~
    102
로버트슨, 하워드 Robertson, Howard
    145, 241
뢴트겐, 빌헬름 Roentgen, Wilhelm
    130, 132
룬드마르크, 크누트 Lundmark, Knut
    240
르메트르, 조르주 Lemaître, Georges
    145, 241
리만, 게오르크 프리드리히 베른하르
    트 Riemann, Georg Friedrich
    Bernhard 9, 106, 109~
    116, 119~126, 134, 156, 167,
    169, 174, 177~178, 189, 198,
    201~202, 205, 232, 237, 242
    ~243, 245~246
리만 곡면 167, 169, 245

리터, 요한 빌헬름 Ritter, Johann
　　　Wilhelm　　129

망델브로, 브누아 Mandelbrot, Benoit
　　　206, 213, 248
매친, 존 Machin, John　　226
맥스웰 방정식　　132, 134, 239
맥스웰, 제임스 클러크 Maxwell, James
　　　Clerk　　132~134, 239
메르카토르 도법　　57, 62, 228
메르카토르 지도　　54, 56~58, 102
　　　~103, 161, 228~229
모스, 새뮤얼 Morse, Samuel　　67
뫼비우스 띠　　193~195, 204
뫼비우스, 아우구스트 Möbius, August
　　　195
《물리 법칙의 특성》(파인먼)　　217
미국 지질조사국에서 사용하는 도법
　　　230
미분 기하학　　231
민딩, 페르디난트 Minding, Ferdinand
　　　96~98, 100~102, 235
민코프스키, 헤르만 Minkowski,
　　　Hermann　　171, 174, 178,
　　　246
밀레이, 에드나 세인트 빈센트 Millay,
　　　Edna St. Vincent　　12, 24

바빌로니아　　22, 34
바일, 헤르만 Weyl, Hermann　　143,
　　　241
비흐, 요한 제바스티안 Bach, Johann
　　　Sebastian　　109

반구　　30, 47~51, 58, 118, 120~
　　　121, 144, 161, 207, 237
버크민스터풀러렌/버키볼　　188, 247
베게너, 알프레트 Wegener, Alfred
　　　141
베르트랑, 조제프 Bertrand, Joseph
　　　85~86, 116, 232, 236
베버, 빌헬름 Weber, Wilhelm　　67,
　　　230
베셀, 프리드리히 빌헬름 Bessel,
　　　Friedrich Wilhelm　　139
베토벤, 루트비히 판 Beethoven,
　　　Ludwig van　　67~68, 109,
　　　111, 230
벨트라미, 에우제니오 Beltrami,
　　　Eugenio　　100~103, 105~
　　　106
별자리　　17, 27, 45, 139
보른, 막스 Born, Max　　125
보여이, 볼프강(퍼르커시) Bolyai,
　　　Wolfgang　　94
보여이, 야노시 Bolyai, János　　94~
　　　95, 111~112, 204, 233
보클레르, 제라르 드 Vaucouleurs,
　　　Gérard de　　213~214
복사　　13, 15, 18, 130, 135, 151, 160
　　　~161, 163, 172, 178, 215, 242
　　　~244
복소수　　233, 245
볼타, 알레산드로 Volta, Alessandro
　　　130
볼타 전지　　130
볼테르 Voltaire　　108

부에, M. Bouyer, M.　226

북극성　25, 28, 75, 113, 117

북반구　30, 49~50, 144, 237

북회귀선　30~31

분수 차원　206, 210~211

브람스, 요하네스 Brahms, Johannes
　109, 111

비디오 게임　47, 192~193, 196,
　200

비유클리드 기하학　9, 92, 94~95,
　98, 106, 115, 204, 233, 235

빅뱅　14, 156~160, 162~164, 175
　~177, 179~180, 182, 201~
　203, 205, 242~244, 248

빅크런치　180~181, 202

빛　10, 13, 17~18, 20, 26, 29~30,
　114, 124, 126, 129~130, 134,
　139~141, 151, 157~158, 160,
　171, 237~240, 242~244

사고 실험　112~116, 121, 236

사마르칸트　35~36, 226

사영 평면　200

4차원 공간　117, 125, 237

4차원 다양체　201

4차원 시공간　171, 174, 178~179,
　201, 206, 242, 246

4차원 초구 형태의 우주　180

사크로보스코(홀리우드의 존)
　Sacrobosco (John of
　Holywood)　43~44, 227

삼각 측량　72~73, 81, 116

삼각형　21~23, 31, 42, 72, 73, 81

~85, 93, 96~100, 102, 116,
　140, 198, 204, 209, 224, 231
　~233, 235~236, 241

3도 우주 배경 복사　160

3차원 다양체　10~11, 200~203,
　205

3차원 초구　180, 182, 201~202,
　204

생크스, 대니얼 Shanks, Daniel　226

새플리, 할로 Shapley, Harlow　144,
　240~241

서반구　48~49, 237

성경에 나오는 π 이야기　34, 225

성운　17, 142, 144, 240

세페이드 변광성　143

슈바르츠실트, 카를 Schwarzschild,
　Karl　246~247

스몰리, 리처드 Smalley, Richard
　187~188, 247

스무트, 조지 Smoot, George　223

스미스소니언 천체물리관측소　214

스타디아　33

슬라이퍼, 베스토 M. Slipher, Vesto M.
　142, 145

시간　10, 16, 72, 129, 140, 145, 148
　~149, 155~156, 159~160,
　170~172, 174~178, 180~
　182, 187, 202~205, 225, 227,
　239, 241~243, 246

시간의 초깃값　175

신세계　49, 118, 161

신우주　119, 121

실버스타인, 루드빅 Silberstein, Ludvik

240

실베스터, J. J. Sylvester, J. J.　138

실수　92〜93, 97, 233, 237, 245

19세기의 전기학적 발견　130

10년이라는 개념　129

쌍곡 공간　125, 205

쌍곡 기하학　106, 115, 241

쌍곡 다양체　205, 248

쌍곡선　187

쌍곡 평면　204

쌍둥이자리　139

아라비아 숫자　37

아랍 문화　35

아르키메데스 Archimedes　34〜35, 108, 188, 230

아리스토텔레스 Aristotle　26, 33, 45, 113〜114, 122, 224, 227

아벨, 닐스 헨리크 Abel, Niels Henrik　234

아스완(과거 시에네라고 불렸던 이집트 도시)　28, 30〜33, 225

아인슈타인·더 시터르 모형　243

아인슈타인, 알베르트 Einstein, Albert　9, 12, 112, 125〜126, 142〜143, 145, 167, 169〜174, 178〜179, 187, 201〜203, 206, 236, 240〜241, 243, 245〜247

안드로메다 은하　143, 170, 174

알고리즘　37

알렉산드로스왕 Alexander the Great　27

알렉산드리아(이집트)　23, 27〜29, 31〜35, 41, 225

《알마게스트》(프톨레마이오스)　41, 43, 226

알마문(칼리프) al-Mamun(caliph)　37

알비루니 al-Biruni　36, 62, 64

알카시 al-Kashi　35〜36, 225〜226

알콰리즈미 al-Khwarizmi　37, 238

에라토스테네스 Eratosthenes　45

에스허르, M. C. Escher, M. C.　104〜105

X선　130〜132, 134〜135, 145, 162

연역법　23

영원뿔　241〜242

오비디우스 Ovid　40

오일러, 레온하르트 Euler, Leonhard　59〜60, 63, 70, 84, 97, 109, 111, 229

오일러의 정리　84

오차 곡선　69

온도　10, 159〜160, 242〜243

우주 모형　122, 142〜143, 174, 202, 204〜206, 242〜243

우주 배경 복사　15, 18, 160〜161, 163, 172, 215, 242〜244

우주 배경 복사 온도로 측정하기　243

우주 원리　173, 175, 213

우주 프랙털 구조론　215

우즈베키스탄　36

운동 법칙　112

올루그베그 Ulug-Beg　36

워즈워스, 윌리엄 Wordsworth, William 186

〈원 극한 4〉/〈천사와 악마〉/〈천국과 지옥〉(에스허르) 104~105

원기둥 80, 192~194, 196

원기둥면 곡률 80

원기둥 체스 192

원둘레 49, 116, 232, 236

《원론》(유클리드) 23~24, 41, 43, 93

원뿔 곡선에 대한 이론 187

원통 도법(원통 투영법) 55, 228

원환면 196, 198~201, 203~205, 247~248

월식 20, 26, 75, 227

위그너, 유진 Wigner, Eugene 187, 190~191

위도 27~28, 37, 51, 56~57, 224, 227, 229, 238

위선 52, 54, 56, 181, 224, 227~228

윌슨산 143

유사구 86, 88, 96~98, 101~103, 194, 204, 235

유클리드 기하학 9, 14, 24, 73, 77, 92~95, 98, 101, 106, 115, 118, 155~156, 191, 198, 204, 233, 235, 241

유클리드 Euclid 9, 12, 14, 22~24, 41, 43, 73, 77~78, 92~96, 98, 101~103, 106, 114~119, 121~122, 125, 155~156, 190~191, 198, 202~205, 232~

233, 235~237, 241, 243

유한한 우주 202

은하 18, 115

은하수 17, 136, 239

음수 79, 83, 86~87, 91~92, 101~103, 116, 179, 190~191, 205, 228, 231~232, 235~236

이중 고리 195

2차원 다양체 191, 200

인도 산술 37

인펠트, 레오폴트 Infeld, Leofold 236, 239

일1미터 길이의 유래 238

일1부터 100까지 더하기 70~72

일반 상대성 이론 9, 142, 174, 178, 201, 241

일정한 축척 58

《잃어버린 시간을 찾아서》(프루스트) 225

입체가 3차원 도형인 까닭 212

입체 기하학 23, 115

자기장 67, 239

자기중심적 도법 62, 175

자외선 129, 135, 145

자유의 여신상 211~212

장벽(은하 밀집 구조) 214

잰스키, 칼 Jansky, Karl 239

적도 28, 30, 49, 51, 54, 56~57, 74~75, 78~79, 81~82, 85~86, 99, 113~114, 116, 119~120, 181, 224, 228~229, 231, 236~238

적도 구면　119～120

적분법　57, 229

적외선　129, 135, 145

전신기　67, 230

전자기파　132, 134～135, 162, 239,
　242

전자기파의 일종　134

전파　18, 130, 132, 135, 145, 160,
　239

정각 도법　51

정거 방위 도법　62

정규 분포　230

제위스, F. Genuys, F.　226

제1운동자　123～124

조충지　36, 226

종 모양 곡선　69

중국 수학자의 π 계산　36, 226

중력　45, 113, 126, 142, 158, 178～
　179, 181, 201～202

중력파　163, 245

중성미자　162

증명　22～24, 34, 51, 57, 60, 63, 66,
　84, 93, 95～96, 98, 101～103,
　145, 223～224, 229, 234～
　236, 239

지구　8, 14, 15, 20～21, 24～28, 31
　～39, 41～47, 49, 51～52, 54,
　57～58, 60, 62～64, 67, 73～
　75, 77～78, 81～85, 97, 102～
　103, 113～123, 129, 135, 139
　～141, 145～148, 151～152,
　157, 161～164, 172～176, 179,
　181, 187, 194, 201, 224～225,

227～229, 231, 236～238,
　242～243

지구 둘레　31～34, 37, 44, 46, 63,
　201, 238

지도　42, 45～47, 49, 51～58, 60～
　64, 84, 88, 97, 101～103, 105,
　119～121, 135, 138, 152～153,
　155, 161～162, 175, 177, 180
　～181, 183, 211, 214, 227～
　230, 232, 236, 243～245

지라르, 알베르 Girard, Albert　231
　～232

《지리학》(프톨레마이오스)　41

지수 사상　62, 152

지오데식 돔　188, 231

직각　21～22, 31, 82

1992년 사진　13～15, 161

초구　124, 157, 163, 175, 177, 179,
　181, 183, 194, 198

초구 속의 평탄한 원환면　198

최고천　123～124

추드놉스키 형제 Chudnowsky brothers
　226

추상 개념, 추상화　92, 186, 189～
　191, 200～201

추상 곡면　191～193, 196, 200,
　204, 245

춘분과 추분　224

측지삼각형　81, 83～85, 97～98,
　102, 116, 204, 231～232, 235

측지학　52, 72, 75, 96, 238

카스토르(항성)   139

칸트, 이마누엘 Kant, Immanuel
    92, 233

케레스(왜행성)   68~69

케플러, 요하네스 Kepler, Johannes
    187, 224

COBE(Cosmic Background Explorer
    우주 배경 복사 탐사선)
    15, 161, 244

코스모스   217

코크 곡선(눈 결정 곡선)   208

코크, 헬리에 본 Koch, Helge von
    208~209, 211

코페르니쿠스, 니콜라우스 Copernicus,
    Nikolaus   224

콜럼버스, 크리스토퍼 Columbus,
    Christopher   14, 41, 43~
    47, 121, 161, 226~227

〈크렐레 수학 저널〉   96, 234~235

크로토, 해럴드 Kroto, Harold   187
    ~188, 247

클라인 4차 곡선   200

클라인, 모리스 Kline, Morris   66

클라인 병   200

클라인, 펠릭스 Klein, Felix   200

클리퍼드, 윌리엄 킹턴 Clifford,
    William Kingdon   198,
    200, 246~247

키오스의 히포크라테스 Hippocrates of
    Chios   224

타원   47, 74, 187, 231, 245

타원 기하학   106, 115, 241

탄소 동소체의 분자 구조   188

토지 측량   72, 116

통계학   69

통일장 이론   126

특수 상대성 이론   170~171, 174,
    178

티무르   36

파인먼, 리처드 Feynman, Richard
    128, 217, 223, 249

π   34~36, 44, 86~87, 98, 115~
    116, 212, 225~226, 231~
    233, 236~237, 243, 247

팩맨   192

페르마의 마지막 정리   106

페아노 곡선   208

페아노, 주세페 Peano, Giuseppe
    207

펠턴, G. E. Felton, G. E.   226

평탄한 원환면   196, 198, 200~
    201, 203~204, 248

평행선 공리   95, 98, 102

포물선   187

폴룩스(항성)   139

푸앵카레, 앙리 Poincaré, Henri   11,
    103, 105~106

풀러, 버크민스터 Fuller, Buckminster
    188, 231

퓌죄, 빅토르 Puiseux, Victor   85~
    86, 116, 232, 236

프랙털   206, 208, 214~215

프루스트, 마르셀Proust, Marcel,
    225

프리드만, 알렉산드르 Friedmann, Alexander   143, 174~175, 202, 240~241

프톨레마이오스 Ptolemy   41~46, 54, 224, 226~227

플라톤 Plato   9, 122

플랑크, 막스 Planck, Max   171

피아치, 주세페 Piazzi, Giuseppe   68

피어슨, 칼 Pearson, Karl   246

피타고라스 정리   22, 93

피타고라스 Pythagoras   21~23

하노버 토지 측량   70, 109

하디, 토머스 Hardy, Thomas   20

하머 도법   60, 244~245

하우스도르프, 펠릭스 Hausdorff, Felix   206, 211, 213

하이든, 요제프 Haydn, Joseph   111

하지   30~31

함무라비 Hammurabi   22

합성 곡면   191, 194

항성, 별   14, 17, 18, 25, 123, 136, 139~141, 143~144, 159~160, 173, 179, 213, 244, 246, 248

항해용 지도   52, 57

해시계   29

행성 궤도   224

허블 상수   146, 241, 244

허블, 에드윈 Hubble, Edwin   141~145, 149, 239, 240

허블(의) 법칙   145~150, 153, 156, 158~160, 174, 239, 242~243

허셜, 윌리엄 Herschel, Sir William   129

허수   91~93, 97, 191, 194, 233, 245

허크라, 존 Huchra, John   214

헤르츠, 하인리히 Hertz, Heinrich   130, 132, 134

호메로스 Homer   108

호킹, 스티븐 Hawking, Stephen   167, 169

확대·축소   211~212

확률   69, 169

히파르코스 Hipparchus   42

힐베르트, 다비트 Hilbert, David   103, 123, 204